JN181809

アジアの動物記

悠久のポーヤン湖

遠藤公男 著

呉城の街　1988年

飛翔するソデグロヅル　真木広造さん 写真

ソデグロヅル　福井強志さん 写真

呉城近辺　（グーグルマップより）

アジアの動物記

悠久のポーヤン湖

遠藤公男 著

ソデグロヅル

アジアの動物記　　目次

悠久のポーヤン湖

ノガン

飛翔するソデグロヅル

イラスト・遠藤公男

キバノロ

第一章　中国の世界的な珍鳥

ソデグロヅル大群の発見

一九八三年一二月、江西省南昌市の江西日報は世界の注目を浴びた。

「ポーヤン湖に、白鶴八四〇羽出現！」

二人の記者が吹雪の湖畔で発見したという。そこは中国最大の淡水湖で江西省にある。白鶴とは絶滅しかけたソデグロヅルのこと、世界にたった二〇〇羽しかいないとされていた。

「へーイそんな大群、どこに隠れていたんだ！」

アメリカの国際ツル財団のジョージ・アーチボルド博士は驚愕して、

「ソデグロヅルに間違いないか？　信じられない！」

その日のうちに中国政府に視察を申し入れた。

国際ツル財団は一九七三年に創設されアメリカのウィンスコシン州にある。ツル類の研究と保護をする学術団体で、北海道のタンチョウの保護にも強い影響を与えていた。

ソデグロヅルは大型の白いツルで、風切羽根がくっきりと黒い。北極圏で繁殖するが、二ヶ所に分かれて西にはオビ川の河口近くに五〇羽と、東に三〇〇〇キロも離れたインジギルカ川下流のツンドラで、一五〇羽ほどが営巣するとされていた。

彼らは秋になると旅に出る。西の五〇羽はウラル山脈を南下して、カスピ海沿岸からインド北部のケオラディオ・ガナ国立公園の湿地へ渡る。そこが越冬地だ。東の一五〇羽の越冬地は不明で、中国大陸の沿岸のどこかだろうといわれていた。生息数の少なさからその運命は風前の灯と心配されていた。

一方、ツルの大群を見落していたとされるロシアのツルの第一人者、V・E・フリント博士は赤面し、モスクワの動物学研究所でいいわけをした。

「極北の夏は白夜で終日太陽が沈まないよ。それが天候が急変すれば吹雪になるし、風がやめば猛烈な蚊の大群に襲われますよ」

インジギルカ川の広大な河原はツンドラで、マンモスの骨が枯れ木のように散らばり、ケワタガモ、コクガン、トウゾクカモメ、シロカモメ、エリマキシギ、ユキホオジロなどが大群で繁殖する。しかし、水苔のおおうツンドラは、人が入れば底なしにずぶずぶ沈む。

ソデグロヅルはそんな極地でポツン、ポツンと営巣する。巣から巣までは二五キロも離れているという。フリント博士は首をすくめた。

「あそこにはヘリコプターでしか入れない。ソデグロの調査は命がけだよ」

ツルは世界に一五種いるが、国際自然保護連合はツルの半数に赤信号がついたとしている。ツルは、広大な湿地を棲みかとするために、どこでも人間との共存が困難になっている。開発の波にさらされるからだ。

なかでもソデグロヅルは、アメリカシロヅルについで個体数が少ないとされ、米ソの協力で、飼育が始まっていたが、その繁殖は容易ではなかった。

ポーヤン湖とは

ポーヤン湖は長江の南にあって鄱陽湖と書く。太陽がきらめく湖という意味だ。そこは江西省の大平原にある。近くの南昌市は江西省の省都で、周恩来が人民解放軍を誕生させた聖地として知られている。省内には景徳鎮という中国一の陶磁器の産地があって世界中から観光客が訪ねる。江西省は未開地ではない。

ソデグロヅルはおそらく太古の昔からそこで越冬していたに違いない。私はソデグロヅルをそっとしていた大陸の人々に感動した。

ポーヤン湖の位置

ポーヤン湖付近地図

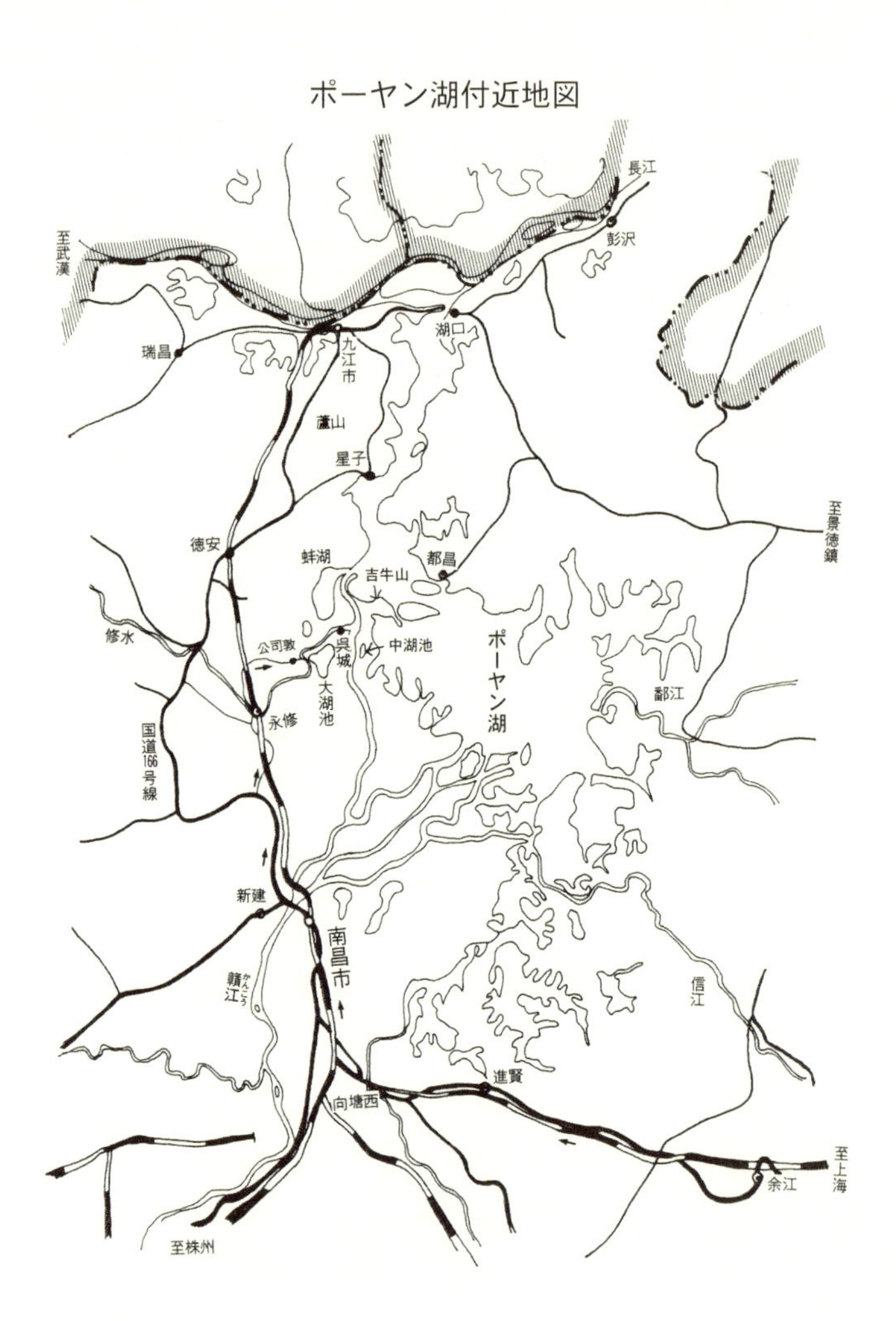

長江
彭沢
至武漢
瑞昌
九江市
湖口
廬山
星子
至景徳鎮
徳安
蚌湖
都昌
吉牛山
修水
公司敦
呉城
中湖池
ポーヤン湖
大湖池
鄱江
永修
国道166号線
新建
南昌市
贛江
信江
進賢
向塘西
至上海
余江
至株州

ポーヤン湖は長江の支流、ジャンジャン川の上流に広がっている。この川は、雨季には氾濫(はんらん)する長江に押されて滞流(たいりゅう)する。長江は中国最大の大河で世界の屋根のチベット高原を源に、約六三八〇キロを流れて東シナ海にそそぐ。川沿いには成都、重慶、武漢、南京、上海などの大都市が発達し、流域面積は日本が五つも入るという巨大なものだ。そこに四億の人々が生きる。中国の人口の三分の一だ。

長江は、流域に洞庭(どうてい)湖を始め大小無数の湖と湿地を抱えている。いずれも長江の氾濫を受け入れ、吐き出してきた。なかでもポーヤン湖は乾季にはジャンジャン川のほとりに九つの湖に分かれている。それは大汊湖、蚌湖、大湖池、沙湖、常湖池、中湖池、象湖、梅西湖、朱市湖で、合わせて琵琶湖の五分の一の面積だが、夏季には長江に押されてひとつになると、水面は二万二四〇〇ヘクタール、琵琶湖の六倍もある巨大な湖になる。

旅行社に訊いてみると、南昌市には入れるが、ポーヤン湖付近は外国人の立ち入りは禁止という。中国には至る所に旅行者が入れない未解放区があった。

当時、ロシアと東欧の社会主義国は、鉄のカーテンをおろしていた。自由主義陣営の人間が入ってきたら、人民はその姿を見て怠け者になると警戒したのだ。そこで中国も、農村地帯のほとんどを未解放区として西側の人間を厳しく制限していた。

国際ツル財団の探訪

国際ツル財団アーチボルド博士の申し入れに、中国政府はいい顔をしなかった。中国は海外の学者を信用していなかった。西側の学者が中国のあれこれを調査し、貴重な文化財や財宝を勝手に持ち出すことが、歴史上たびたびあったからだ。

しかし、丸い眼鏡をかけたアーチボルト博士は三七歳、粘り強く交渉した。

「ソデグロヅルの大群が本当なら、それは中国とロシアだけのものではありません。人類全体の至宝(しほう)です。国際的な協力で保護すべきでしょう。まず、遠くから見るだけでいい、許可してください」

翌年の冬、ようやく許されてアーチボルド博士たち一行一一人は、湖畔の中心地、呉城へ入った。そこで調査団は、海のように広いポーヤン湖の高台に案内されて、紺碧（こんぺき）の湖に遊ぶ白い鳥の大群に息をのんだ。

「バイフー（白鶴）です」

中国ではソデグロヅルをバイフーと呼ぶ。バイは白、フーはツルだ。そこまで四〇〇メートルほどの距離があった。プロミナーという高倍率の望遠鏡でのぞくと、まさしくソデグロヅルの大群だった。

「北極圏で、こんなに繁殖していたのか！」

「これは第二の万里の長城の発見だ！」

西側の学者たちは手を取り合い、抱き合って泣く人もいた。

アーチボルド博士

口のまわりに濃い栗色の髭を飾ったアーチボルド博士は、両腕を翼のように広げてツルがする歓喜のステップを踏みながら叫んだ。

「ツルが世界中で減っているのに、これこそ世紀の奇跡!奇跡!奇跡だ!」

中国人たちはアメリカの学者たちにびっくりした。アメリカ人が、なぜこれほど興奮するのかわからない。

だが人々は、ソデグロヅルの大群に狂喜する客人たちに感動した。中国とは主義主張が異なり、ことあるごとに中国を敵視すると思っていたアメリカ人が、ポーヤン湖のツルの発見を我がことのように喜んだのだ。

それからアメリカの学者たちは、わずか一時間足らずでソデグロヅルを一三五〇羽数えた!　新聞記者の八四〇羽が一挙に千羽を超えたのだ。さすがは専門家で、プロミナーで遥かな沖合いのツルまでカウントしたからだ。

渡り鳥保護区の誕生

アーチボルド博士たちは、人民軍の舟艇を出してもらって湖をめぐり、越冬するおびただしい水鳥に驚嘆した。

そこにはソデグロヅルのほかに、マナヅル、ナベヅル、クロヅルに、コウノトリ、ペリカンが数千羽いた。マガン、ヒシクイ、サカツラガン、コハクチョウ、カモなども何十万羽かいた。博士たちは、一斉に飛び立つ黒雲のような鳥影に感嘆し、ポーヤン湖がおそらくアジア最大の水鳥の越冬地であることを知った。

これらの水鳥は、北極やシベリア、モンゴルや中国北部の人の近づけない大湿原で繁殖するが、これまでどこで越冬するのか全く不明だったのだ。だが見渡すと、湖の岸辺のあちこちに数百人の男女が群がり、堤防を築いていた。

深い暗渠（あんきょ）を掘って排水し、堤防の内側の湿地を水田にしようとしていた。ブルドーザーやショベルカーなどはなく、土を運ぶのは笊（ざる）のついた天秤棒（てんびんぼう）でアリが群らがるような人海戦術だ。村人は海外の学者たちを笑顔で迎えたが、アーチボルト博士たちは失望した。

「これは……巨大な環境破壊じゃないか」

湖の湿地がなくなればツルたちは生きられない。そこで中国側に進言した。

「このままではソデグロヅルの未来は危うい。干拓をやめて湖の湿地を保全すべきです」

江西省では、呉城付近を保護区に指定していたが、それはポーヤン湖の百分の一にもならない。そして省政府は干拓の姿勢を崩さなかった。

隣の湖南省の洞庭湖はかつて中国最大の淡水湖だったが、半分近くが干拓されて巨大な水田となり、毛主席に食糧増産になると絶賛されていた。そこで役人たちは反駁（はんばく）した。

「中国には他にも大きな湖が沢山ありますよ。洞庭湖、太湖、洪湖などね。塩水ならポーヤン湖よりも大きな青海湖がある。ここがなくなってもソデグロヅルはそちらに飛んで行きますよ」

アーチボルト博士たちは首を振った。

「湖はいくらあっても、水深が深ければツルたちは利用できません。ポーヤン湖は遠浅のために水草が生えていてツルの食べものが豊富でしょ。だから、ツルたちはここで越冬してきたんです。ポーヤン湖の環境を守るべきです。それにはまず保護区管理所が必要ですね。資金が必要なら世界的な自然保護団体、ＷＷＦが援助しましょう」

アーチボルド博士は日本の例を語った。鹿児島のマナヅルや北海道のタンチョウは、人間のそばまでやってきて、人間の提供するトウモロコシやコムギを喜んで食べている。

「渡り鳥を、観光に生かすのが世界の常識です」

「本当だろうか」

中国政府は、中日渡り鳥保護協定の協議に北京に来た日本の中島良吾環境庁審議官らもポーヤン湖に招いた。日本の役人たちもソデグロヅルを見て、

「これほどの水鳥の楽園がアジアに残っていたとは！　すばらしい！」

絶賛した。そこで中国側は、

「世界中のバード・ウォッチャーが、ソデグロヅルを見にやってくる。日本からは大勢が押しかけるに違いない」

ポーヤン湖は観光地として有望なのだ。中国の人々はアーチボルト博士たちが帰ったあと、寄贈されたプロミナーでソデグロヅルを一四八二羽まで数えた。

「どこまで増えるんだ！」

喜んだ中国側は、アーチボルト博士に従って干拓をすべて中止した。

ポーヤン湖を自然保護区とし、世界野生生物基金（ＷＷＦ）の援助で、呉城に管理所と四〇名の客を収容できる招待所（ホテル）を建てた。保護区の職員を新たに二四名もおく。

日本野鳥の会のツアー

招待所が完成すると、江西省は早速、海外から観光客を招くことにした。

そこで一九八六年の暮れ、わが国最大の自然保護団体の日本野鳥の会の日中友好の旅があって、わたしは大喜びで、二〇名ほどの仲間たちとポーヤン湖へ向った。

日本の野鳥は海を越えて大陸との間を往復するものが少なくない。ソデグロヅルは日本にも冬に一、二羽が渡来する。しかし、中国の野生動物の情報は、長く国交が閉ざされていたことから極めて乏しかった。

だがこの二、三〇年の間に人類の科学技術は飛躍的な進歩をとげていた。日本は資源のない島国なのに原材料を輸入し、製品にして世界へ売ることに成功し経済大国といわれる

呉城の保護区招待所（ホテル）

ようになっていた。しかし、その反面水俣病、イタイイタイ病、四日市喘息、光化学スモッグなどが発生して、世界から公害のデパートと揶揄されていた。自然環境は悪化し、野生のものは急速に姿を消していた。

パンダのいる中国はどうだろう？　自然の豊かな夢のような楽園ではないか。わたしはアジアの大陸の奥地に強くあこがれていた。

上海へ着いてみると、多くの人は濃紺の人民服を着ていた。後姿では、男だか女だかわからない。建国した毛沢東は鎖国状態で自力更生を進めてきた。だが、一二億の民は貧しさから抜けられない。台湾や韓国は急速に経済成長するのだ。そこで政権を握った鄧小平は劇的に方針を転換し、改革開放に踏み切った。

七八年に広東省などに四つの経済特区を設置して台湾や香港の合弁企業を誘致し、八四年には沿海部の一四都市も開放した。外国資本の導入によって、上海には至る所にクレーンが林立して高速道路や巨大な都市建設が始まっていた。

しかし、上海一の繁華街、南京路に行ってみると、デパートは人でごったがえしていたが、日用品はきわめて貧弱だった。トイレットペーパーとかシャンプーとかブラジャーなどは見当たらない。そんなものは贅沢品（ぜいたくひん）で不用ということか。

一行は夜汽車で中国中部の江西省へ向う。車中の交流が楽しい。大阪の川西洪文さんと隣り合わせた。川西さんは四〇代の高校教師で鼻下にたくわえたコールマン髭が決まっている。川西さんは奥さんの寿美子さんと参加した。寿美子さんも高校教師である。

寿美子さんは明るくさわやかな女性で、結婚一〇年、二人にはまだ子どもがない。しかし、この夫婦は後にポーヤン湖渡り鳥保護区の歴史に残る日本人となった。

車中で私は南昌の中国国際旅行社から迎えに来た添乗員（てんじょういん）にひかれた。宋小凡（ソンシャオファン）さん三〇歳、足の長いイケメンで日本語はずば抜けていた。通訳は国家公務員だが、南昌で育ち上海大学日本語科を出たという。日本語が達者だねと褒めると、

「いいえ、日本語には最近外来語がたくさん入って通訳に苦労します。新語があとからあとからできるんですね」

顔をしかめてくどいた。

グラスの酒をすすめると、軽くつがせて白い歯を見せた。

「じゃ、気持ちだけ。添乗員が酔っ払ったら万一のときに困るでしょ」

これは頼りになる男だ。学生時代は宮沢賢治の詩「雨ニモマケズ」が好きだったという。

「おう、わたしは岩手生まれで賢治は同郷人だよ」

というとびっくりした。それから若者らしく訊(き)いてきた。

「日本は豊かな先進工業国になりましたが、賢治の思想は、どうなっていますか」

「ふむ、開発という自然破壊が進んで、賢治が嘆くようなことばかり多発しているな。小川が汚れて、メダカやホタルとかトンボまで消えた村がたくさんあるぜ。食糧の自給率は五〇パーセントを割っている。賢治を尊敬する人は、中国の自給自足に学べと言ってるよ」

こんな会話を交わして友情が芽生えていった。

スズメがいない

夜明けに南昌(ナンチャン)市に着くと、ポーヤン湖が近いためか朝もやがたちこめている。南昌は江西省の省都で人口三三〇万の大都市だ。

南昌からはマイクロバスで大平原の田園地帯を行く。長江の南側にあって夏は亜熱帯だが、冬は関東平野の感じでそれほど寒くない。畑と田んぼに牧草地、果樹園が続く。広大な田んぼは冬枯れだが、畑には青々と野菜が育っている。むきだしの地面はどこまでもレンガ色で、パールバックの名作「大地」の舞台を思わせる。

ふり返れば、中国大陸は世界で最も野生動物の種類の多い国の一つだった。哺乳類四五〇種、爬虫類三二〇種、両生類二一〇種、鳥類は約一二〇〇種。鳥類だけで日本の倍はいる。中国にしかいないものも多い。うらやましい限りだった。

しかし、どうしたことか大地にスズメがいない。川西さんも首をかしげている。

「なんという淋しさ、昔からこうだったのか？」

かつて、中国は政府の指導で全土でスズメを迫害した。

ネズミ、ハエ、シラミとともに四害といって駆除（くじょ）した。しかし、スズメの駆除は、巣箱を掛けたり、給餌台をもうけて野鳥を愛する世界の流れに反する。スズメが生態系の大切な一員であることを知らないのだ。そこで西側はこの駆除を非難した。しかし、中国は西側の批判などどこ吹く風だ。

村中総出で、家屋や建物にかけていたスズメの巣という巣を探して卵やヒナを徹底的に退治した。処分したものはトラックに何台も山積みして捨てたという。あるいは爆竹を鳴らし、竹竿でスズメを追い、屋根に止まるのを許さない。疲れて地面に落ちるものを叩き殺した。

これは一〇年も続き、スズメ以外のたくさんの野鳥も巻き添えをくった。村々から小鳥が姿を消し、害虫が大発生して政府は誤りに気がついた。スズメを四害の指定からはずすのだ。

その後遺症ではないか、野鳥は少なく、いても逃げ足はすこぶる速い。

だが、さすがは中国で、五年前の一九八一年五月、陝西（シャンシー）省洋県で二つのトキの巣と七羽の成鳥が発見されていた。かつて分布していた日本、朝鮮半島、ロシアで絶望となった国際保護鳥のトキが中国の奥地で生きていたのだ。

中央政府の野生動物を扱う林業部（日本の環境省に相当）は、トキの生息地域を自然保護区に指定し、洋県政府は四つのしてはならないことを定めた。

一、発砲、狩猟をしてはならない。

二、森林を伐採してはならない。

三、森林を農地に転用してはならない。

四、水田で農薬と化学肥料を使ってはならない。

これを見て驚いた。中国ではトキのいるような山村で鉄砲を撃つ人がいるらしい。どうなっているんだ中国の鉄砲の管理は？

第二章　初回の探訪

ドブネズミを売ってる！

マイクロバスは、ポーヤン湖に流れ込む川を目指して、江西省の田園を快調にとばしていた。ソデグロヅルの保護区まで、途中から川をくだる船に乗り換えて行くという。保護区まで自動車道はなく、そこには電気もない。夢のような大平原の奥地だ。

バスは、とある集落に入ってのろのろとなった。道路が人、人、人であふれている。なんと公道が活気あふれる自由市場になっている。

屋根も屋台もなく、めいめいが路上で泥つきの野菜、レンコン、川魚、エビ、生きたニ

ドブネズミを並べている「川西寿美子さん写真」

ワトリやアヒルをお祭りみたいにわいわい売っている。バスはクラクションを鳴らし通しで人混みをわけてゆく。

この年の三月、毛沢東(もうたくとう)が始めた人民公社はついに消滅した。上から命じられる共同作業は労働意欲を低下させ、成果があがらなかったのだ。それが鄧小平(とうしょうへい)によって、広くはないが農地の所有と個人請負制が認められて作物の植え付けが自由になり、一定量の農産物を上納すれば、残りは市場に出すことができるようになった。

農民の意欲はみるみる向上して、どこの市場にも鮮度のいい作物があふれるようになった。国営しかなかった市場に、個人販売が許されるのだ。

「きゃーっ、ネズミを売ってる!」

突然バスの中に女性の悲鳴があがって、みんなは徐行するバスの片側の窓にしがみついた。道端にたくさんのネズミの死体を並べて、中年のおっさんが客を待っている。

「わわわわっ、ネズミを食べるの?」

並べているのはドブネズミに見えた。

「あたし、ネズミに弱いのよ。あんなもの食べるんなら……来るんじゃなかった！」

女性の一人が、吐き気がするのか口を抑える。

彼女は初めての海外旅行という。ネズミにはノミがつきものだろう。それがペスト菌でも持っていたらどうなる？　すると添乗員の宋さんは肩をすくめた。

「食べるんじゃありません。こんなにネズミが捕れます……とネズミ殺しの薬を売っているんです」

バスの中はドッとわいた。

それにしても客寄せに、ドブネズミの死体を並べるとは……別世界だ。

人家は赤茶色の土を焼いたレンガ造りだ。めいめい好きな所に建てた感じで家はあちこちに散らばっている。小さな木造の平屋も多い。庭先にナツメの木、ひょろりとした楊柳（ようりゅう）の木も立っている。

バスは路上市場を抜けてスピードをあげ、田園の中を二時間近く走ってジャンジャン川に着いた。流れの幅は七、八〇メートル、水深は一メートルくらいか。長江は茶褐色なのに、そこにそそぐジャンジャン川はうす緑色の清流だ。

川岸に低い屋根をかけた平底の舟が待っていた。舟はジーゼルエンジンで、ゆったりした流れを長江の方へくだり始めた。湖の中心地、呉城（ごじょう）という町を目指してゆく。

両岸はむきだしの堆積土（たいせきど）で流れの上をセグロカモメ、ユリカモメがちらほら飛んでいる。川岸の舟に、山のように枯れ草を積む家族がいる。枯れ草はかまどの燃料という。

「あらっ、ツルだ！　いや、コウノトリかな？」

千メートルもの高空をゴマ粒ほどで白い水鳥が一羽舞っていた。

「うわーっ、すごい！」

日本では滅びたコウノトリが歓迎するように現われたのだ。

「初めて見たな、コウノトリがあんなに高く飛ぶなんて」

誰の顔も輝いていた。

白いヒメヤマセミ、カワアイサ、カンムリカイツブリなどをぽつん、ぽつんと見て二時間、大小の船が泊まる呉城という港に着いた。後ろの高台に集落が見える。三国志の時代には呉の国の水軍の根拠地で、ざっと二千年の歴史があるという。コンクリートの役所らしい建物が並び、ポーヤン湖渡り鳥保護区管理所がある。

「とうとうソデグロヅルの宝庫へ来たぞ」

心地よい胴震いで舟を降り、街はずれの丘に石塀をめぐらせた招待所に着いた。真新しい平屋の宿舎で四〇人は泊まれる。

絶品の野菜料理

二人ずつベッドのある石造りの部屋に分かれると、一行は、荷物の整理もそこそこに後ろの高台に出た。眼下は一望千里、土色の原野だ。夏は湖だったのに、この冬、稀に見る旱魃で湖の水は肉眼では見えない彼方へ引いていた。ソデグロヅルは？　どこにもいない。

「うーむ、残念」

仕方がない。夕方まで対岸の湿地を見た。はるか二、三キロ彼方にハクチョウの大群がいて、その手前に黒いツルのようなものが二羽、のっこのっこと歩いている。なんだ、あれは？

「あやーっ、ナ、ナベコウ！」

プロミナーをのぞく者が叫ぶ。ナベコウはコウノトリの仲間で世界的な珍鳥だ。黒紫に光る羽根をして腹部はくっきりと白い。ユーラシア大陸北部が繁殖地で、冬期は長江流域に南下してくる。

「よかった、ナベコウに会えるなんて！」

川べりには、黒い水牛が何頭もいて背中にムクドリくらいのハッカチョウが止まっている。

高台に大破した建物が傾いていた。戦前に建てられた望湖亭（ぼうこてい）という。崩れかけた階段を登って子どもたちが遊んでいる。危ないなと思いながら眺めた。

夕食は自家発電の灯った食堂の丸テーブルでスッポンのスープ、ソウギョのフライ、タケノコの煮物などが出た。食堂の娘さんがあとからあとから運んでくる。箸をつけてみて感動した。ホウレンソウやニンジンには例えようもない滋味（じみ）がこもっている。甘みと香りは絶品！

東京から参加した土屋昌二さんは七〇代で食通だ。箸を指揮棒にして講釈した。

「本物の野菜の味とはな、こういうものさ。化学肥料と農薬を使わないとこうなる」

ネズミを怖がった女性も箸をおかずに、

「ホント！　こんなにおいしい野菜、生まれて初めて食べたわ」

頬をゆるめっぱなし。

食堂のウエイトレスの娘さんは二人いるが、笑顔を絶やさない。背の高い人はえんじ色のとっくりセーターに黒い上着で、小柄な人は白いブラウスにえび茶のジャケットだ。上海のような紺一色ではない。二人ともぴちっとしたパンタロンをはいてスタイルはなかなかだ。

彼女たちは南昌ビールと丁坊酒（ディンファンジュ）を運ぶ。どちらも江西省の酒で、口あたりはやわらかだ。湖に着いた喜びで、「カンペー、カンペー（乾杯）」と怪しげな中国語で何度もグラスを合わせた。

侵略の跡

夜明けの夢うつつに、上空に騒がしく鳴きかわす鳥の声が近づいてきた。

「ガンの群れだ！」

とび起きてみると、明けやらぬ空を水鳥の編隊(へんたい)が飛んでゆく。あとからあとからつづいてくる。気温はプラス五度、風が少し吹いている。村はずれの丘へ出てみた。三〇〇メートルほど向こうの水たまりに一羽のコウノトリが白く動いている。

大きく羽ばたきながら跳び回って食事中だ！　ツルの舞いさながらの豪華な姿で小魚をついばんでいる。

「日常の風景にコウノトリがいるなんて、すばらしい！　日本なら一〇〇年も前のことだ！」

まさにアジアの秘境。大平原の彼方の空はレンガ色に染まって、今にも陽は昇る。日本との時差は一時間、ひなびた木造の家の戸が開いて村人が動きはじめた。大きな黒ブタが子連れで道端の草をむしりながら歩いてくる。ニワトリとガチョウもそちこちにいる。家の前の青々とした野菜畑は、ブタが侵入しないように古いレンガで囲っている。

庭先では、子どもたちが大声でなにか暗誦(あんしょう)している。本を片手に中学の女の子も一生懸命だ。宿題なのか、暗誦はなかなかの長さだ。朝食を終えて保護区管理所の若い職員五名、宋さんら通訳二名の案内で、いよいよ世紀の奇跡、ソデグロヅルの見学に出発した。

呉城の街は両側に点々と商店があって、村人の目は日本人から離れない。こちらも対日感情はどうだろうと、人々の顔色をうかがいながら行く。登校途中の小中学生がぞろぞろとついてきた。日本人は無邪気な子どもたちと手をつないだりして、人々の微笑を誘う。

呉城の町

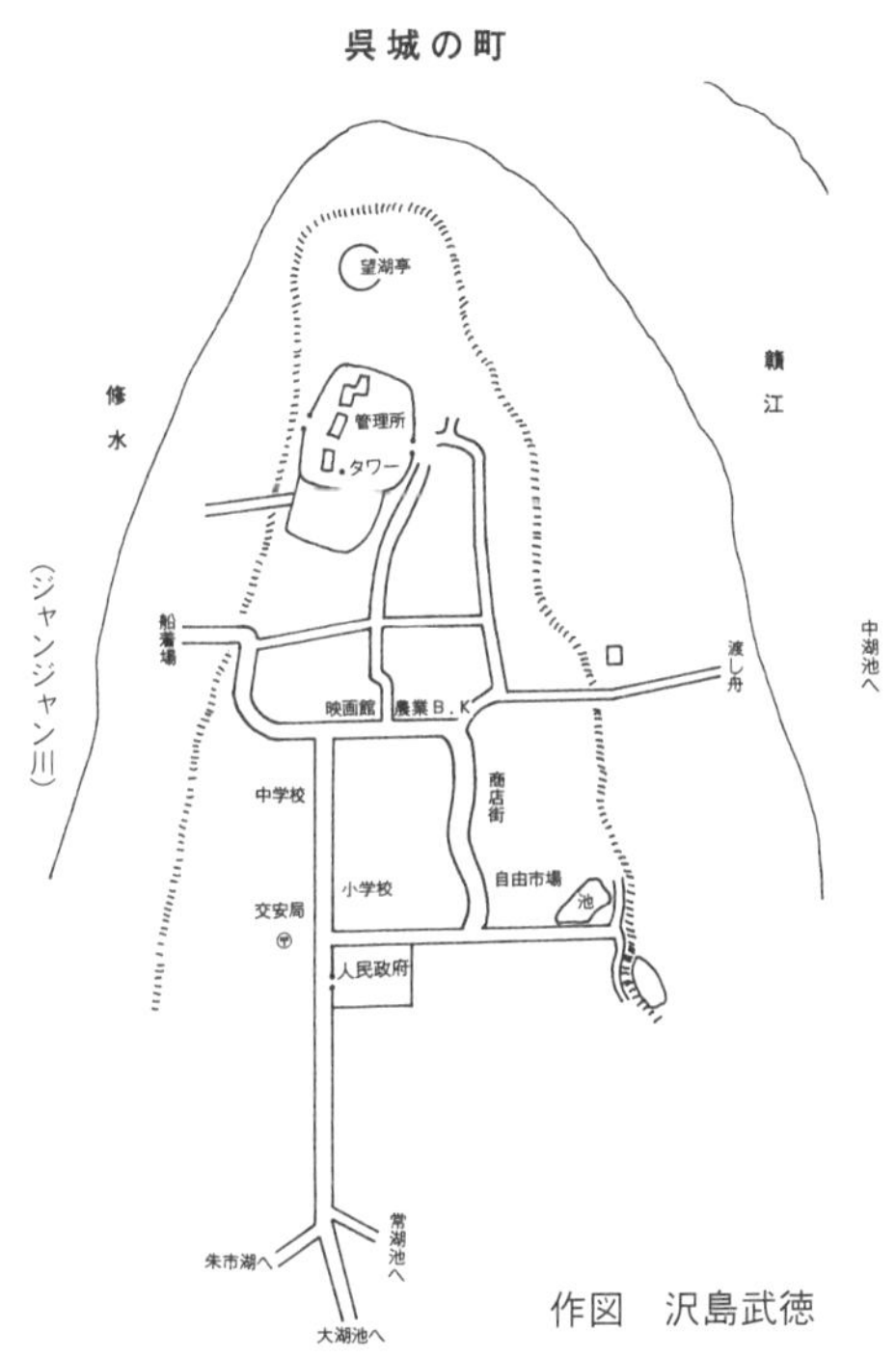

作図　沢島武徳

村人たち

石畳の通りは三国志の時代のものという。大きな敷石は二千年も踏まれたものか摩滅している。ナス紺色の人民服に前掛けをつけ、立ったまま朝食の茶碗を持ち、ポカンと日本人に見とれる人がいる。服装から履物(はきもの)、カメラや望遠レンズの装備まで珍しくて仕方がない。無理もない、未解放区が初めて日本人観光団を迎えたのだ。

東京の土屋昌二さんは博学だ。低い声でぼそぼそと私に語る。

「ここは昭和一四年(一九三九年)にだな、日本軍に空爆と砲撃されて街は三日三晩燃えたというぞ」

「げーっ、こんな奥地まで日本軍が、攻めて来たのか!」

「呉城はな、大平原の米や麦など農産物を積み出す船着場で、焼ける前は建物が並び小上海(しょうしゃんはい)と呼ばれる美しい町だったと」

「いやはや……」

「あそこの望湖亭(ぼうこてい)はだな、壊れているだろう、日本軍に破壊されたままなんだって」

「な、なんと! やり切れない」

四七年前の戦火の跡がそのまま残っている。

「人口は五万もあったのに……たくさんの人が死んだり四散して、どこにも行き場がなくて残ったのは五〇〇〇人というぞ。それから日本軍は呉城の街を占領してな……六年半も駐屯したんだって」

「ええっ、六年半も！」

駐屯した日本軍は、強盗団が住み着いたのと同じと聞いたことがある。それからは肩をすぼめて歩いた。

ガンの王様＝サカツラガン

小舟にのって対岸に着き、一〇メートルほどの高さの台地にあがると、果てしなくうねる草原で短いスゲの仲間が一面に小さな綿ぼうしをつけている。夏には長江の氾濫で水没するために、悠久の昔からこのままという。ぞくぞくする喜びを噛みしめる。ソデグロヅルはもうすぐそこだ。

川沿いの踏みつけ道を湖のひとつへ向かう。日差しは暖かくて風もない。

そちこちに堆肥（たいひ）の草が積み上げられている。その二、三〇〇メートル向こうにマナヅル、ナベヅルが十数羽いて草に半ば隠れている。草むらにひそむバッタからヘビ、ネズミなど、ツルはなんでも食べる。だが、背の高いツルの首がこちらの気配に気がついて、のっこのっこと遠ざかる。人を警戒するようだ。

タゲリの群れが舞いあがり、ふわふわ飛んで遠くなる。ヒバリが賑やかに囀り、キジのオスが羽音も高く飛び立った。カラスやトビはまったくいない。

ハクチョウの編隊（へんたい）もコォー、コォーッと高く通ってゆく。鳥たちは四方八方からやってきて、四方八方へ

サカツラガン「福井強志さん写真」

消えてゆく。草原に黒い帯が見えた。マガンの群れのようだ。カハハン、カハハハン と鳴きながら飛び立った。隊列をそろえ、はるかな彼方へ移ってゆく。まぶしく見上げて眉をしかめた。これも人間の接近に気づいたようだ。

今度はガハン、ガハンと重量級の声の群れ、これは何？　五〇羽ばかり、鳴きかわしながら近づいてくる。マガンよりぐんと大型だ。

「わーい、サカツラガンだよ！」

「これがまあガンの王様なの？　重そうに飛ぶう！」

人間に気付いたのか、方向を変えて斜めに遠ざかる。

「うーむ、見事なガン、すばらしい飛形だな……」

サカツラガンは最大級のガンで、日本へは迷鳥として冬に一羽か二羽が渡ってくる。一九五〇年ころまでは、東京湾行徳（ぎょうとく）の干潟（ひがた）に小さな群れが飛来して越冬したが、環境が悪化して来なくなった。アムール川の流域からバイカル湖、サハリンの湿原でしか繁殖しない。

「人間の頭上を飛ばないな。うーん、これは下から銃弾の洗礼(せんれい)を受けているな」

北海道から参加した星子廉彰さんがつぶやいた。

「げっ、どこに、こんな地球の宝に発砲するものがいるんだ？」

「ロシアじゃガンは猟鳥だよ。ハクチョウやツルは禁鳥だけど」

「ひどーい話。遅れているなロシアは」

「あっ、あれあれ、もっと来るよ、わーい大群！」

わたしは大陸のサカツラガンの運命を心配していた。これは百羽以上の群れだ。愁眉(しゅうび)を開ける数ではないか。

ノガン＝空飛ぶ七面鳥

草丈が低くなって、ようやくソデグロヅルの湖だという。

あれれっ、地平線まで干上がって水はない。すると土一色の彼方からマガンの大群が飛び立ち、ガハハハン、ガハハハンとわめきながら遠くなる。その奥からサカツラガ

大草原の探鳥

ノガン

ンも大群で飛びたった。土ぼこりをあげ、地平線をかすめてゆく。人間に気づいたようだ。

「ソデグロヅルの大群はどこ、どこなのさ？」

「ここにたくさんいたんですけど……ひと月前は……」

案内の青年たちは顔を見合わせている。日本人は騒ぎだした。

「ひと月前だと？　何を抜かす！」

「奇跡の大群なんて……話が違うじゃないか」

通訳の宋小凡さんがなだめた。

「我慢ね、我慢してください。これが大陸的ということですわ」

気の遠くなるような広さの中で、どどっと疲れがでた。仕方なくどこか別の湖へ向かうことになった。交通機関は？　二本足しかない。

一望千里の原野は果てしない。それぞれ重い望遠レンズとカメラ、三脚を担ぎ、てくてくと行く。汗ばむ陽気の中ですぐ顎が出た。

「こりゃ……だまされたな。うーむ、来るんじゃなかったわ」

日本人がぼやいたころだ、だれかが叫ぶ。

「ノガンだよーっ、ノガンが飛んでるーっ！」

斜め上空を、ずんぐりと大型で茶色に白い模様のある鳥が一羽、かるがると飛んでゆく。

「へーっ、これが空飛ぶ七面鳥か！」

昔、大陸の王侯貴族（おうこうきぞく）や狩猟好きが狙った有名な猟鳥だ。

ロシア中部からモンゴル、中国北部の草原で繁殖し、冬季はここまで南下する。大きなオスは体重が二〇キロもあった。今はせいぜ一〇キロとか。成熟したものがいないという。

「なぜなの？」

「大陸のどこかで、誰かが鉄砲で撃っているからさ」

「ちいーっ、けしからん話だ」

わたしはキジやヤマドリの狩猟に疑問をもって、もうやめるべきだと主張していた。日本列島には撃ち殺して遊ぶほど野生のものは残っていない。そこで、中国の狩猟にも強い関心をもっていた。

「あれれっ、また飛んできた。あっ、降りるよ、降りるよ！」

「うわーっ、群れがいる！」

草むらの二、三〇〇メートル向こうに、頭を上げて七、八〇羽が群れている。

頭と首は灰色で背中に黄褐色の黒い横斑（おうはん）がある。なるほど、体型はどこか七面鳥だ。

「草を食べているんだな」

「あれっ、オスらしいぞ、下顎（したあご）に白いひげがある」

ノロかと思ったら、キバノロ

珍鳥の出現に、一行はたちまち元気になった。案内人もほっとしている。

するとと若い女性が反対側に気がついた。

「あれはヤギ？　それともシカなの？」

二〇〇メートルほど向こうの草むらに、牝鹿の感じのものが二頭、首を上げている。

「おっ、ノロだよ、ノルともいうね、これは大陸の代表的な偶蹄類（ぐうているい）さ」

ノロは生態写真の少ないけものだ。それっと、望遠レンズを向けるとノロは動きはじめた。雌雄なのか連れ立って、たったたったっと草むらの深い方へゆく。

「ちいっ、惜しいなあ。君ーぃ、どうしてそんなにこわがるんだ」

人煙稀な原野なのに、彼らと人間の間には何か得体（えたい）の知れないものがある。

黒犬のご馳走

その夜、三つの丸テーブルに分かれた夕食の終わりごろにひそひそ声が流れた。

「最初に出た肉料理はね、おいしかったろう？」

土屋さんはうれしそうに舌なめずりした。

「犬の肉だそうだ！　黒犬のね」

とたんに寿美子先生は血相を変えた。

「げっ、げっ、げっ、まさか……冗談でしょ？」

ツルのようにやせた土屋さんは愉快そうだ。

「ハハハ、本当らしいよ。犬の肉を好むのは中韓民族の食文化だよ。犬はねぇ、呉城じゃ最高のご馳走だって。周恩来の日中国交回復のパーティでも、犬料理が出たろ」

「嫌だわ……あたし、薬！　お薬を飲むわ」

彼女はバタバタと部屋へ走って行った。

しかし、この黒犬料理が、長くポーヤン湖の歴史に残るとは誰も知らない。

宴が終わるころ、岐阜の沢島武徳さんがソッと耳打ちした。彼は新婚旅行に雲南省の昆明に行ったほどの中国好きだ。

「飲みに出ましょうや、夜の街へ。きれいなお姐さんがいる店を見つけたんだ」

「えっ、お姐さんだって？」
長崎の鴨川誠さん、高知の豊田陽一さんもそわそわして出ようという。わたしも引っ張り出された。四人はほろ酔いで、外灯もない中を人家の方へ遊びに出た。ほどなく路地の中ほどの店にさしかかった。木造の小屋のような作りに、そこだけロウソクが灯って人影がある。「ここだ、ここだ」と沢島さんははしゃいで軒をくぐった。

小さな椅子に四人が腰掛けると一杯になる。まあ駄菓子屋だ。見回すと貧相な男の店主だけだ。お姐さんは？　ときょろきょろしたが、沢島さんは、馴染み客のように落ち着いている。棚の酒瓶を指差して開けてもらった。初老の店主は大喜びだ。日本人の声を聴いて、近所の子どもたちが五、六人集まってきた。豊田さんがお菓子を買って振舞うので、駄菓子屋はときならぬ賑わいになった。鴨川さんが日中会話のガイドブックを出して、怪しげな発音で店主の名前などを訊き始めた。

ローソクを増やし、ゆらめく灯の中で筆談する。店主は「子どもは何人か」などと訊いてくる。こちらは「何歳か」などと訊く。話が通じるたびに大笑いだ。

いくらも飲まないうちに、外からきちんとした身なりの青年が二人現れた。きつい目をして宿舎に戻ろうと身振りをする。店の主人もしゅんとなった。どうやら未解放区なので日本人が勝手に出歩くことはできないらしい。

仕方なく四人は外灯もない暗い夜道を宿舎へ帰った。

部屋へ入ると、沢島さんが聞いてきた。日本人の外出を知って、ツアーを見守っていた警備員があわてて探しに出たという。日本人に恨みを持つ者が石でも投げつけないかと心配した。静かな村に、深い恨みを持つ人がいる。

わたしは闇（やみ）の向うに目をこらした。

「日本軍は、一体ここで何をした？」

北国の春

それからもあちらの湖、こちらの湖畔と探したが、ソデグロヅルはどうしたことか、湖の遥かな対岸に移っていて蜃気楼のように見えただけだ。プロミナーでも遠すぎる。

村はずれで、二〇歳くらいのお母さんが天秤棒の前のザルで幼児を担いで行くのに会った。後ろのザルにはお土産らしいビーフンと穀物の袋が重そうに揺れている。彼女ははるか地平線の彼方の村へ、時計も持たずに一人で里帰りするところだ。

「何キロ歩くの、いや何時間かかるの実家まで？」

「さあ……何時間かな。だけど……日暮れまでには着きますよ」

にっこりして、果てしなく続く小道を天秤棒で愛児を担いで行った。

「うーん、これが中国の人間の強さ、良さだよね」

見るからに健やかで、身のこなしに自信がある。年輩の土屋昌二さんは、

「どこの国でもさ、便利さは都市への集中というジレンマを生むだろう。ここにはそれがないな。トラックとか乗用車の排気ガスをわんさと出すものもない。うらやまし

いなあ……。便利になることが、決していいことじゃないんだわ」

　小さくなる親子をいつまでも見送っている。

　街にもどると、あちこちに毛糸でセーターやチョッキを編んでいる女の人がいる。細い竹の棒でせっせと手づくりだ。家族の誰かのためだろう。うるわしいものだ。

　最後の日の自由時間に、わたしは学校に関心をもつ寿美子先生ら四人で中学校を訪ねた。生徒数、千名のマンモス校だ。

　氾（ス）校長先生に挨拶すると、南昌の町ではテレビで日本の『おしん』が評判で、生徒たちが見たがっているという。ここには電気がなくてテレビはない。先生は、生徒は働くために欠席の多いのが悩みという。貧しいものは通学できないのだ。鄧小平（とうしょうへい）は社会主義市場経済を掲げて、「できる人から豊かになれ」という。資本主義とどうちがうのか首をかしげた。

　英語教師で男の楊（ヤン）先生が出てきた。明るい中年の先生で、英語を通して世界平和を教えているという。教室に招かれて、四人が六〇人ほどの中学三年生の前で「ニィメンハオ」（こんにちは）と挨拶すると、満面の笑みで迎えられた。女の子は明るい色とりどりの服装である。

楊先生の通訳で質問を受けると、「北国の春」のコブシはどんな花かと訊く。早春に木に咲く白い大きな花できれいだよと説明した。そこで四人は壇上で「北国の春」をうたった。するとと、楊先生がだれかうたうものはないかと誘うと、赤い服の女生徒がものおじせずに前に出て、中国語で「北国の春」をうたった。故郷と母を思う歌で中国でもヒットしている。みんな楽しそうに聴いている。

「すばらしい！　白けた生徒なんて、ひとり

中学の教室

もいない！」

四人は連発した。辺境とは思えない子どもたちの明るいよくできた学校だ。

しかし、第一回ポーヤン湖ツアーは、みんな消化不良の顔で帰国した。肝心のソデグロヅルをほとんど見なかったのだから。

だが、大阪の寿美子先生は帰国しておめでたが判明。大阪大学産婦人科に何年もお世話になってだめだったのに、中国の旅で懐妊したのだ。わたしは感動した。

「これも奇跡！　ポーヤン湖の旅で子どもを授かるなんて！」

第三章　青い惑星の楽園

霧につつまれて

一年後の一九八七年一二月二八日、ポーヤン湖は深い霧につつまれていた。

案内の青年三人のそばで、鳥友たちと霧の晴れるのを待つ。

日本野鳥の会神奈川県支部、村上司郎支部長のツアーに参加して、私は再びポーヤン湖へやってきた。仲間は一四人、足立陸子さん、内海恵子さんら熱心な女性のバードウォッチャーが八人もいる。通訳は前年にもついた宋小凡（ソンシャオファン）さん。

「先生、よく来たね。今年こそソデグロヅルを見ましょ」

まなざしに信頼が深くなっていた。

霧は北方の乳色と違って、かすかな黄土の色を帯びる。霧の向こう、湖の方からひびいてくる、おびただしい鳥の声に耳を澄ます。

　クルークルークルー、クルルー

コローコローコロー、コローコローコロー

ガハン、ガハハン、ガハン、ガハハン

湖岸の草むらに腰を下ろし、あれはツル、これはガンかと胸をときめかす。

気温一四度、長江の南なので日が照れば暖かい。草原は枯れているが、枯れ草の根元には緑の若葉がのぞいている。上空の霧がきれぎれに流れて、青白い太陽の輪郭（りんかく）がのぞいては消える。そこを大きな鳥のシルエットが通ってゆく。マナヅル、マガン、高くゆくのはサカツラガンか？

去年は湖の対岸にソデグロヅルがまぼろしのように浮かび、ノガンやサカツラガンの大群を見たが、どれもはるかな彼方から飛び去った。野鳥の警戒心は尋常（じんじょう）ではない。

それは近年まで、ここでガンやカモを捕っていたためらしい。前回の帰りに仲間のひとりが、若い職員がもらした言葉を聞いた。

「呉城じゃ一晩にガンを一〇〇〇羽も捕ったことがある……。それに何羽かのツルも」

「ええっ、まさか！」

驚くと職員は、あわてて口を閉ざしたという。口止めされているらしい。

ガンといえば、当時、日本に渡ってくるマガンは一万二〇〇〇羽だった。ポーヤン湖では、その約一割を一夜で捕ったことになる。おそるべき虐殺（ぎゃくさつ）ではないか？　それにツルも捕ったとは……どういうこと？

本当のことを知りたいところへ誘いがあって、私は渡りに舟と準備をはじめた。保護区の呉城は、この一〇月から解放区になったという。つまりどこへでも自由に行けるのだ。

「去年行った湖へ、どうしてまた行くの？」

妻は腹を立てた。無理もない。

しかし、ソデグロヅルのポーヤン湖には、何か得体の知れないものがある。野生のカンのようなものが嗅ぎつけていた。こんなとき、わたしは五感の命ずるままに突っ走る。渡航費をようやく工面して中国へ飛んだ。

青い湖にきらめく奇跡

霧は曖昧模糊として不安の中に沈んでいる。

その奥でしきりに甲高いツルの声がする。かなりの群れが霧の向こうにいるようだ。

クルルークルルー、クルルークルルー
クロークロークロー、クロークロークロー
案内人の一人は縁起でもないことを口にする。

「今日のように風のない日はね、霧は一日中晴れないことがあるな」

湖岸に着いてもう二時間、時計は一一時半をさして、さすがに焦ってきた。

岸辺は水が引いて、大きな三本指のソデグロヅルか、コウノトリの足跡が無数に残っている。昨日か一昨日、ここに珍鳥たちがぞろぞろいたのだ。

澄んだ水をたたえる大平原の湖にそっと足を踏み入れてみた。湖底はどこまでも浅く、水平に広がっている。おそろしく遠浅の湖だ。

深い霧の中で、案内人の徐向栄君が語る。彼は村で生まれ育った二五歳、笑顔のやわらかな好青年で日本人に気をつかう。

「ポーヤン湖にはね、大きな虹がかかり、虹を背景に白鶴の大群が飛ぶことがあるよ」

「まあ、虹の橋をソデグロヅルが渡るのね！　見たいわねえ」

「口惜しいわ、霧の中で指をくわえているなんて」

どの人もため息を吐く。

クルルークルルークルルー、コロローコロローコロロー
ツルの声がはげしくなってきた。霧の中をこちらへ近づいて来るようだ。霧のベールのどこかに切れ目はないか、懸命に目をこらす。とうとうその一角に、影絵のようなものが現れた。背の高い人か？　いやちがう、二つ、三つ、五つも。

「見えるよ、ツルだ、ツル！　ほら、あそこ、あそこ！」

興奮した女性たちが指をさす。

「しーっ、だまってだまって、動かないで！」

無邪気な女性は、ツルの影に手でも振りそうだ。

湖底の泥の上を、マナヅルの一族が歩いてきた。二〇〇メートル位か？　目ざとく

人間に気づいて立ち止まり、腰をかがめ、一羽ずつ、ふわりふわりと霧の中空へ舞い出した。

「警戒心が強いなあ、なぜなんだ?」

　　　クルルークルルークルルー、

　　コロローコロローコロロー

ツルたちの舞いが、よどんだ霧に上昇気流をおこしたのか、ツルのいたあたりが明るくなってゆく。ガンたちの声も高まってきた。ああ、霧があがりはじめた！　たゆたいながら、黄土の色が水平にひろがってゆく。

「わーっ、見える見える、水よ、水よ、湖よ！」

飛翔するサカツラガンの大群、白く見える鳥はソデグロヅル

「わーお、これはこれは！」

霧の緞帳(どんちょう)が静かに上がってゆく。六、七〇〇メートル向こうが青に染まった。そこに純白のつぶつぶが一列になっている。

「なんだ、あれは、鳥か？」

　クルークルークルー、クルークークルー、クロークロークロー
南中にちかい太陽が、頭上の霧もとかして青空をよみがえらせる。

霧は中空にただよい、とまどいながら消えてゆく。水の惑星の青い青い湖が現れた！　鄱陽(ポーヤン)という名の通りにきらめいている。

うーむ、これほど美しい幕開けを、だれが見たろう！

巨大な湖は大量の水蒸気を上昇させて雲をたくわえ、慈雨(じう)を降らせて果てしない中華大平原の人と命を守ってきた。その湖をたたえるように一本、南北へ白い帯が通っている。

「うわーっ、あの帯びはツルだよ、おおっ、ソデグロ！」

「まあっ、あこがれのツルだわ！」

バードウォッチャーは口々にわめく。

真っ白なツルの大群が一斉に首をあげ、無心に鳴きかわしている。彼らも霧の晴れるのがうれしいのか。


　クロークロークロー、クロークロークロー、クルークルークルー

奇跡のツルが一〇〇〇羽以上、列になっている。

「まさに二十世紀の大発見だわ！　よかった、よかった！」

「これだけいれば絶滅なんて、絶対ないね！」

神奈川県支部の仲間は、アーチボルトの国際ツル財団みたいに感激した。

あこがれの鳥たちは二、三メートルの間隔（かんかく）をとって、帯の長さは何千メートルか計り知れない。この年の越冬数はソデグロヅル一八〇〇羽、マナヅル二二〇〇羽、ナベヅル二〇〇羽、クロヅル六〇羽という。ポーヤン湖は、ツルの大群を抱く――偉大な湖なのだ。

薬草好きのソデグロヅル

「ねえ、ツルはなにをしているの？」

陸子さんが訊ねると、徐向栄君は待ってましたと語る。

「ソデグロヅルはね、薬草が好物で、泥の中からその根を嘴で掘って食べているよ」

「まぁあ、薬草を……それって漢方薬？」

「ハイ、苦草（クーツァオ）といって、婦人病によく効く薬だよ」

「ソデグロヅルは賢いわねえ」

「そう、ソデグロヅルは薬草を見分ける、医者みたいなツルだよ」

徐君は身内の自慢でもするようだ。

夏の湖面は苦草という細長い葉の水草でおおわれている。晩秋にその葉や茎は枯れてしまうが、根は泥の中にあって、クワイの実のようで澱粉質という。その根はとても苦いが、村人は煎じて飲む。さまざまな婦人病に効くという。漢方薬は五〇〇〇年の歴史がある。

管理所の背の高い研究員、郭紅林（グォホンリン）さんもつけ足した。

「ソデグロヅルは、小魚やエビ、カエル、昆虫なども少々食べますが……、苦草の多い所に集まります。苦草はソデグロヅルの越冬を支える大事な植物ですよ」

「大陸の大平原の湖に、これほどの天国があったのか！」

日本野鳥の会 神奈川県支部の一行

放し飼いのブタの親子

「これこそアジアの宝、ソデグロヅルはトキやパンダに匹敵するものだろう」

天と水の接するあたり、白く輝くものに見とれた。

ソデグロヅルはまっ白にみえるが、たたんだ翼の下から黒い風切羽根がのぞくものもいる。顔半分から先と嘴が赤く、長い足もほんのり赤い。京劇の俳優を思わせるあでやかなツルだ。

互いに近づき過ぎると向かい合い、パッと翼を開いて相手を威嚇(いかく)する。その度に黒い風切羽根が鮮やかに開いては消える。

薄茶色のツルが点々と混じっている。今年生まれの幼鳥だろう。幼鳥は白い二羽の親鳥の間にいて、三羽が揃って行動している。これが家族だ。

マナヅルは密集して、これも一〇〇〇羽くらいが水中に立っている。白くて小さく、頭が黒い集団はソリハシセイタカシギか、これは五〇〇羽位の集団。水中に平たいくちばしを入れて、ブクブクをやっているのはヘラサギ！　千羽はいるだろう。

その北側はハクチョウで一〇〇〇羽位か。その向こうは水平線までかすんで、そこにも白い大群がいる。ハクチョウの大群の横に、茶褐色に密集した帯はガンの王様、サカツラガンか。ガチョウのような姿で数え切れない。

「日本では絶滅したサカツラガンが、これほどいたとは！」

「はるばる訪ねて来た甲斐があったわ！」

鳥友たちと肩をたたき、案内人のだれかれと握手して笑った。

日本の白鳥の湖を紹介

この年の暮れ、わたしはただ一人ポーヤン湖渡り鳥保護区にいた。

神奈川県支部の友人たちが、三泊して次の観光地へ出発した後、保護区の好意でただ一人滞在（たいざい）させてもらった。

「ポーヤン湖の人と大自然のいとなみを、もっともっと見たい！」

やみくもな願いを、通訳の宋小凡さんが押してくれた。

「あのセンセイにはなんでも見せた方がいいな。日本からお客を呼ぶ宣伝になるでしょう」

滞在には条件があった。南昌にある省政府の役人がひとり、日本の話を聴きたいという。私の都合のいいときに毎日一時間、さまざまな自然保護、観光問題などを講義して欲しいという。二つ返事でうなずいた。お安いご用だ。

翌日、江西省政府の楊(ヤン)さんという方が見えて、私は別室で講義することになった。楊さんは四十がらみでパリッとした服を着ている。所長の章斯新(ザンスミン)さんが畏(かしこ)まって紹介したところを見ると高官らしい。

初めにポーヤン湖の印象を問われて、わたしは渡り鳥の種類と数が圧倒的なことを称賛(しょうさん)してから、苦言(くげん)も呈した。

「ここの渡り鳥の警戒心は尋常ではありません。渡り鳥に信頼されるために、中国は、本気で野鳥保護に取り組まねばなりませんね」

高官はノートを前に、おやおやという顔になった。

そこでわたしは日本のハクチョウが、まったく人を怖がらないことから話した。

「……一体どうして？」

中国側のふたりはポカンとした。そんなことがあるなんて信じられない。

お茶を運ぶ若い女性の張開顔（ザンカイイエン）さんは、涼しげな目をして私の話に耳を傾けている。

私は新潟県の話をした。瓢湖（ひょうこ）という貯水池にやってきた九羽のハクチョウに、吉川重三郎さんという農夫が、シイナという青米を与えて餌付けに成功した。

吉川さんが、「こーい、こーい、こーい」と呼ぶと、野生のハクチョウの群れが遥か彼方から羽ばたきながら寄って来て餌をもらうようになったのだ。その情景は大自然の奇跡と有名になり、人々は瓢湖まで出掛けて吉川さんから餌付けのノウハウを学んだ。それが普及して、各地のハクチョウが人の手からパンをもらうようになった。

「ソ連ではハクチョウは人を怖がりますが、賢いもので、日本列島に渡れば、人はもう怖くないと交信しあうんですね。私の町は瓢湖から遠いんですが八〇羽ほどが渡ってきて、大勢の市民がハクチョウにさわるほどの距離で遊んでいますよ」

章所長は何度も目をパチパチした。

「そりぁ大したもんだ……野生のハクチョウが人になれるなんて！」

省政府の高官も、「ほほう！」と笑顔になった。

「この話を聴いただけで、一日がかりで呉城まで来たかいがありました」

ゴミの焼却炉がない

翌朝、もやのたちこめる街を、ひとりで自由市場へ行った。自家発電で上映する映画館の前を曲がって商店街に出ると、目ざとい子どもが母親を呼んでいる。

「マーマ（母さん）、早く早く、妙ちくりん（みょう）な日本人、まだいるよ！」

通りの視線が一斉にわたしに向く。どれどれと前掛けで手をふいて出てくる母親、その人がまた、誰かを呼んで笑っている。

商店街のはずれに小さな広場があった。最近開かれた自由市場だという。

青空のもと、五〇人ばかり、地面にザルを並べて何十種もの魚を売っている。天びん秤の皿に魚をのせて、売り手と買い手がやりあっている。

「まけて！　小さいのを一匹」

「だめだめ、まけないよ！」

　これが普段の商いなのか、娘さん、小母さんたちは殺気だっている。秤皿にのせた一〇センチ足らずの小魚を、のせたりおろしたりして奪いあっている。

　大きなナマズにライギョやソウギョ、コイやフナやタナゴの仲間にドジョウ、ワカサギに似たもの、太いウナギがいて湖の魚は七〇種以上という。小さなエビに貝もいて、たくさんの水鳥が食べていけるのだ。ポーヤン湖の生物多様性に感嘆する。

　端の柱の横木に五羽ばかり、キジの死体がぶらさがっていた。茶色で小柄なノウサギも一羽、散弾銃で撃ったものだ。陸上の狩猟は自由らしい。

　ひとりの青年が赤茶色の細長いけものをオモチャにしている。見ると大きなイタチのオスで生きている。黒いつやつやした目を開いたまま、青年の手の中で暴れもしない。

「〇〇病の特効薬だよ、百元（千五〇〇円）に負けるぜ、ほら」

青年は笑ってイタチを私の鼻先に突きつける。ギョッとした。イタチには鋭い牙があって、素手（すで）でさわれるものではない。どうして人の手にのっているのか？　わけを知りたい。

あわてて宿舎にもどり、顔を洗っていた通訳の宋さんを連れて小走りに市場にもどった。その間、三〇分足らず、イタチの青年は煙のように消えていた。まわりの人はどこの誰とも知らない。仕方なくもどりながら、ふと聞いてみた。

「宋さん、呉城の街ではゴミの焼却はどうしているのかな」

「ゴミですか、何か問題がありますか」

日本では、どこでもゴミの焼却炉の設置で反対運動が起きていた。

イタチを売る青年

宋さんはうなづいて道端の店の主に確かめてもどってきた。

「呉城にはゴミの焼却炉はないそうです。処理できないゴミなんかないといっています」

ええっ！　ここでは、ビニールとかプラスチックなど大量生産につきものの、燃やせばダイオキシンが発生する有害な廃棄物(はいきぶつ)が出ないのか！

キバノロの群れ

元旦の朝、ノロを見に行くことにした。

ポーヤン湖の東岸にたくさんいるという。ノロはロシアの沿海州から、中国、朝鮮半島に分布していて、かつては名高い狩猟獣だった。牡の体重は三、四〇キロで、小型のシカだが肉は美味で、一九二〇年代、中国北方の少数民族オロチョンは、ほとんどノロの肉だけを食べて冬を過ごした。その毛皮はまたオロチョンの衣服になくてはならないものだったという。

それほどいたのに激減で、中国産の写真など見たことがない。ポーヤン湖の草原にいることは去年確かめていた。今度こそ写真を撮りたい。

管理所の巡視用ランチの快艇（かいてい）で三〇分ほどくだって、湖の西岸にあがった。

そこは黄色い砂の台地で、足を踏み入れると、ギュッギュッと鳴き砂のような音がする。粒子（りゅうし）の粗（あら）い砂がまばらな草におおわれている。

案内係は青年二人で、主任の徐向栄（シィシャンロン）君は私の重いバッグを持ち、二〇歳くらいの若い方は三脚とプロミナーを持った。砂の台地は吉牛山という。水牛が伏せたようななだらかな山だ。

「ローは、草刈りの農民が犬で捕ることがあるよ。それでローは人間をとてもこわがるな」

徐さんの話に耳を傾けながら行く。ノロをローと呼ぶのだ。彼は踏みつけ道のわたしの足元に気を配る。若い方はと見ればヨモギの原をどんどん先へ行く。

「ロー、ロー、ローッ！」

突然、彼は走り出した。その先を小型のシカが吹っ飛んで行く。

「惜しいなぁ……だめだよ君ーぃ、先へ行っちゃあ」

注意していると、もう一頭が足元から走りだした。

彼はまた、猟犬のように走り出す。

「ローだっ！　ローだぞーっ、わーわーわーっ」

するともう一つ砂山を駆けて行く。わーわーわーわーっと若者も駆ける。

彼はわたしがローの写真を撮りに来ていること、自分が走ればローが逃げる。それで写真がどうなるかなどわかっていない。やたらに手鼻をかむ無邪気（むじゃき）な若者だ。しかし、笑いがこみあげる。ノロはツルと並んでポーヤン湖の豊かさを象徴（しょうちょう）するものだ。

キバノロ「福井強志さん写真」

吉牛山の高みに登ってみた。眼下に砂漠のような湖底が広がっている。遥かな地平線のあたり、蜃気楼のようにゆれるのは水らしい。その前にほっそりした四足の獣が点々といる。プロミナーでのぞくと口元に白い牙が見える。

「ややっ、これはノロじゃない。ええっと、キバノロだよ！　キバノロ、これは珍客！」

「あれれっ、ローじゃないんですか？」

「ほら、上顎に犬歯があるだろう、ローじゃなくキバノロだ。中国じゃ二級保護動物に指定されてる珍獣だよ」

徐君はプロミナーをのぞいて、素直にうなずいた。

七つ、八ついるのは、みなキバノロだ。望遠レンズを担ぎ、徐君と近づくことにした。だが、これも逃げ足は速い。汗を流したがゴマ粒のような写真しか撮れなかった。しかし、楽しかった。青年たちと親しくなって、わけもなく笑い合ったのもうれしかった。

湖の惨！

その晩、所長の章斯敏（ザンスミン）さん、通訳の宋小凡（ソンシャオファン）さんと三人で新年会をすることにした。食堂の壁にはソデグロヅルの遊ぶ青い湖が大きく描かれて、テーブルにつくと湖畔に遊ぶ気分になる。

章さんは五〇歳そこそこで中肉中背、いつもタバコをくわえている。そのせいか、やせて顔色がすぐれない。だが酒はめっぽう強い。この夜、秘蔵（ひぞう）の酒を抱えてうれしそうにやってきた。白い陶器のバイチュウ（白酒）を、貴州（きしゅう）の名酒だよと持ち上げて見せた。

「日本のお客さんと新年会なんて、なんとも幸せ……なんともハァ」

そこで小ぶりの杯に名酒をそそいでもらい、

「新年好（シンネンハオ）、中日永遠の友好のために！」

厳かに乾杯した。とたんにえもいわれぬ香気と、火のようなものが口中をかけめぐる……。

「しゃっ、これは大変！」

五二度の蒸留酒(じょうりゅうしゅ)だ。中国の国酒(こくしゅ)として名高いマオタイ酒の親類という。あわててスープを口にして名酒をうすめる。

大皿に桂魚の甘酢あんかけが出た。桂魚はスズキ科の高級魚で中国の三大名魚の一つ、皇帝が好んだという。から揚げにした身は純白で極上の味わい。舌がとろけた。

桂魚は湖の名産で鵜の鳥がよく捕るという。スープはハマグリに似た淡水産の貝。

コックは四十半ばのやせた男で、所長が呉城の街でスカウトした。このような料理人が街にいることに感心する。この人は都会の高級ホテルで通用する。

ウエートレスは二〇歳の張開顔(ザンカイイエン)さん。楽しそうに皿を運んでくる。彼女は挙式(きょしき)が近いという。こんな可愛い人を嫁さんにする幸せ者はだれだろう。

章さんは自分の杯でちょいとテーブルを叩くと二杯目をうながす。受けて立って杯を上げ、「謝々(シェシェ)……」と敬意を表し、相手と一緒にパッと干すのが悠久の国の礼儀。それが……容易(ようい)ではない。

そもそも並みの日本人の酒飲みは漢民族には歯が立たない。彼らは何杯飲んでも赤くなどならず、乱れることなぞないときた。胃袋と肝臓のできがそもそも有史前から違う。

そこで酒は少しずつつがせて、キバノロ撮影の難しさをこぼすと、章さんは無造作に、

「六月の洪水期にはですな、陸地がせばまり、一キロ四方くらいの小島にノロが二〇〇頭も集まる所がありますよ。ええ、舟から簡単に写せますすな」

「うへぇ、キバノロの大群なんて！　聞いたこともない」

「その時期には、パイジーが泳ぐのも見えますすよ」

「ええっ、パイジー？　ああヨウスコウカワイルカです

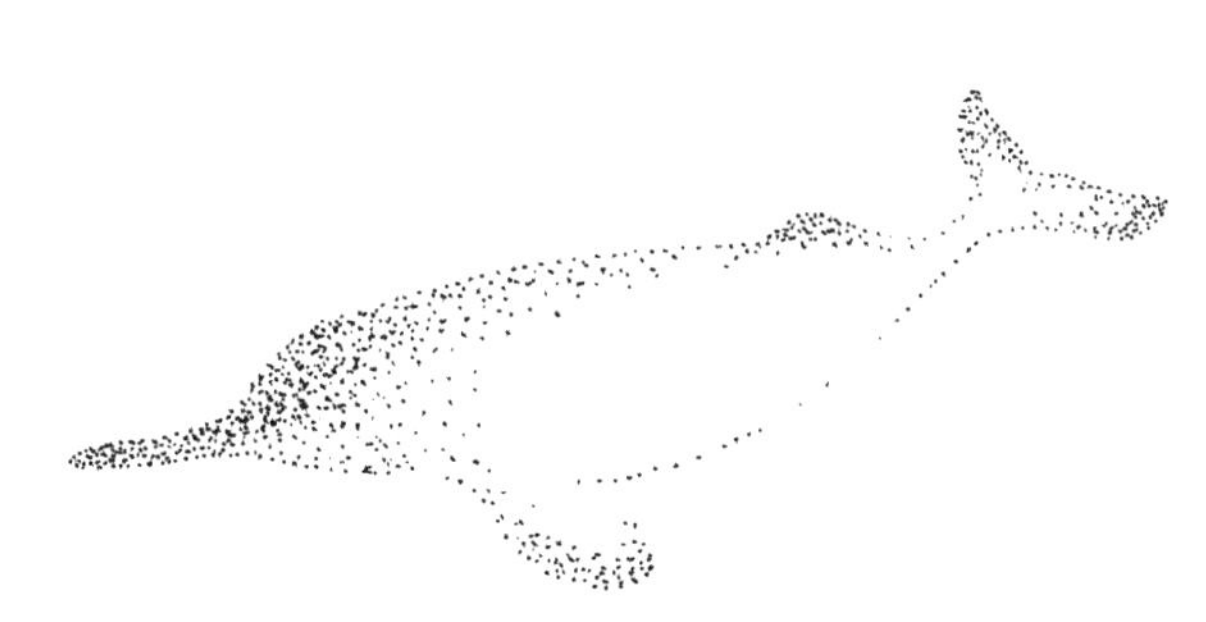

パイジー（ヨウスコウカワイルカ）

か？」

「はい、村じゃパイジートゥンと呼びますよ。白い鰭のある豚という意味ですな。高台でのんびり待てば、波をけたてて遊んでいるのが見えますよ。あれは細長いくちばしをしてるでしょう、親子のまわりを五、六頭が守って泳ぐんですな」

パイジーは、長江にしかいない淡水イルカの希少種だ。

「雨期は五月で終わりますが、長江が氾濫してポーヤン湖は増水してきます。これも見ものですよ。冬の探鳥とは違ったおもしろさがありますな。仲間を連れてまたいらっしゃい」

章さんはさあさあと名酒をついで、トンと乾杯をうながす。

酒席は大好きだがアルコールに弱い私は、たちまちもうろうとしてきた。そこで壁のツルの絵を指さして訊ねていた。

「それにしても所長さん、ソデグロヅルは警戒心が強いねえ」

「…………」

「どこかで、いじめられて来たんではないですか？」

章斯敏さんはギクリとした。

うつむいて杯をもてあそんでいたがとうとう口を開いた。二年続けてやって来て、ただ一人正月も居座る、日本人に根負けしたようだ。

「……実はこの湖で、つい数年前まで……ツルやハクチョウを撃ち殺していまして……」

「ええっツルを！　ま、まさか！」

わたしは危うく杯をとり落とした。

ついに湖の秘密に遭遇した！　ポーヤン湖の得体の知れないものはこれだった！

章さんは日本人の驚きようにびっくりしたが、やがて伏し目になって語りだした。


湖に狩猟隊がいた！

戦前のポーヤン湖の漁業は、釣りを主として石器時代に毛の生えたようなものだった。

それが中華人民共和国が成立すると、毛主席の指導で漁業生産隊が組織された。すべての労働は共同で、漁業隊は大きな網を使って漁をすることになり、やがて、越冬に来る水鳥の大群も狙うようになる。漁業隊の一部が冬だけ狩猟隊に変身した。

「狩、狩猟隊？」

「これは……発表したくないんだが……。漁業生産隊が猟をしていたんです」

猟期は一一月一日から三月末日までの五ヶ月で、小舟に乗って銃で水鳥を狙った。しかし、昼は鳥たちが警戒するので近づけない。そこで夜、眠っている群れを撃つことにした。

「夜の狩猟で捕獲数はぐんと上がり、それを……村の市場でね……売っていましたよ。ツルでも……ガンでも捕って……食べてたんです」

章さんは、ようやく湖の秘密を明かす。

「ツルやハクチョウ、コウノトリが、西側の国では何十年も前から守られていることを聴いて恥じ入りました。……いわれてみれば当然のことで」

ツルは中国では一〇〇〇年も生きる鳥として昔から尊敬されてきた。その姿は吉兆（きっちょう）として、めでたいしるしにしてきた。しかし、毛沢東（もうたくとう）の建国後は、肉と羽毛の資源となった。純白のハクチョウもそうだった。

ポーヤン湖自然保護区管理所長は目を伏せた。

「水鳥の保護なんて……、まったく眼中になかったんですわ」

「そうですか……そうでしたか」

国際ツル財団アーチボルト博士の提言が目をさましました。

「西側の学者のいう通りだ、ポーヤン湖に保護区の管理所をつくろう！」

江西省の人民政府は決断した。

それまで人民公社の長をしていた章斯敏さんに、初代の保護区管理所長にと打診（だしん）があった。章さんは農民に尽して人望があったのだ。そこで喜んで引き受けた。しかし、公務員の報酬（ほうしゅう）は高くないらしい。紺色の人民服は色があせ、袖口（そでぐち）はほつれている。私は慰めた。

「ツルやハクチョウは賢くて、人間がいじめないとわかれば、そばまでやってきますよ」

章所長は中国の公人としてはどこか気が弱い。まばたきをしてうなずいた。

「そうですか……、早くそうなって欲しいですね。では乾杯をもうひとつ。……ここまで打ち明けたことは、先生、口外しないで」

「……わかりました。ともかく……ソデグロヅルと保護区の繁栄を祈って……」

こうして日本人はしたたかに酩酊した。しかし、部屋へ帰って眠れなかった。

「孔子、老子、孟子を生み、東洋の人々にあまねく人倫の道を教えていた中国は……野生動物にはまったく冷たかった！」

第四章　愛鳥模範とは？

何緒広さん

街のレンガ塀に「水鳥の美しい環境を守れ」というスローガンがあった。電柱に「鳥獣を密猟する者は二年以下の禁固に処す」ともあった。はて、共産主義国にも密猟などをする無法者がいるのか？　そこで保護区の若い人たちに訊ねてみた。すると、互いに顔をそむける。

「密猟？　さあー、知らんなそんなこと」

しかし、徐向栄（シィシャンロン）君はひと気のないところですすめた。

「愛鳥模範（もはん）という人が村にいてね、尊敬されているよ。訪ねてみたら？」

はて愛鳥模範なんてなにをした人だろう。日本野鳥の会の会員として敬意を表したい。所長の章斯敏さんから連絡してもらい、徐君の案内で呉城の街は

愛鳥模範の何さん

ずれを訪ねてみた。

　その人のアパートは赤レンガの平屋で、家の前には常緑のクスノキが陰を落としていた。クスノキには香気があってハエを防ぐという。玄関先に放し飼いのニワトリが十羽ほどいた。石段を上がって声をかけると、陽(ひ)に焼けた何(ホー)さんが現れて、よく響く声で私の手をにぎった。

「さあさあ中へ、どうか、どうか日本のお客さん！」

　愛鳥模範の何緒広(ホーシュイグァン)さん（六四歳）は、こぼれるような笑顔で待っていた。何(ホー)さんは小柄で背は一四〇センチ位か、オールバックの無造作な長髪で、農民風に灰色のセーターの上に黒いチョッキを着ている。

　一二畳ほどのからりとした部屋に招かれた。窓際に小さな椅子とテーブルがあった。下はコンクリートで、片側に木の戸棚が二段、正面奥に壁にはめこまれた形に夫婦のベッドがあった。薄手の布団がたたまれている。居間兼寝室の部屋で、木や竹籠の調度品は質素で使いこんだものばかりだ。

何緒広さんはお茶を出し、ナツメの実と南京豆の入った小鉢をすすめて壁際の椅子に座った。後ろに松に止まった二羽のツルの絵と、赤い細長い紙に、

『松鶴が年を延ばせば、人も寿命を延ばし、山河緑なれば国常に春なり』

と達筆の詩が貼られている。隣の額に入った「奨状（しょうじょう）」に、何緒広同志、愛鳥模範、一九八三年とあった。そこで身の上から尋ねた。

緒広さんは一九二三年、近隣の農村に三人兄弟の末っ子として生まれた。

五歳のときに、父が死んでしまう不幸に見舞われた。父は学識の高い家に生まれ、村に寺子

表彰状

屋を開いて子どもたちに読み書きを教えていたが、お腹が妊婦みたいにふくれる風土病で倒れた。兄二人も父の血を引く秀才だったが、悲しむ間もなく父と同じ病気で死んで母は悲嘆にくれた。

食べものにもことかく生活となり、緒広さんは八歳から呉城の街の叔母の家に預けられた。一人暮らしの叔母も貧しくて、学校には一一歳までしか行けなかった。

当時の呉城の村は葉林児という大地主のもので、巨大な湖さえもその人のものだった。こわい用心棒が棒なんかを持って、何人もいるので勝手に魚を捕ることもできない。緒広少年は湖畔に放牧される金持ちの水牛の番をしたり、材木屋の使い走りをして食べさせてもらった。

東洋鬼が攻めてきた

一九三七年の初冬、緒広さんが一四歳の時だ。港で帆掛け舟の男たちが口々に騒いでいた。日本という外国の大きな軍艦が何隻も長江をのぼって攻めてきたという。少年たちは騒いだ。

「うそだーい、そんなことあるもんか！」

しかし、首都の南京を砲撃し容赦なく街を破壊しているという。住民は命からがら逃げたが、日本兵は女でもシャオハイツ（子ども）でも逃げ遅れた者を殺すという。

「日本というのは東海の小さな国ですよ、中国が昔から漢字を教え、儒教や仏教を伝えていたんですな。いわば恩恵を与えていた。それが、どうして恩人の国に攻めてくるのか？」

「…………」

「なんのために攻めて来るのか？　どうして可愛いシャオハイツまで殺すのか」

誰に聞いてもわからない。

宣戦布告もなかったのだ。しかし、日本はすでに台湾を奪い中国東北部にも満州国をつくって侵略し、この年、五〇万の大軍を出兵させて北京、上海を占領し中国に降伏を迫っていた。

「喧嘩にはたいてい理由があるんだが……こちらは日本になにも悪いことはしていない。それで鬼ですな……誰もがドンヤングイ（東洋鬼）が攻めて来た、といいましたよ」

南京は全長三十数キロの城壁に囲まれプラタナスの並木の美しい古都である。

そこは日本軍が兵や市民にした空前絶後の大虐殺(だいぎゃくさつ)で落ちてしまった。しかし、国民党政府軍の蔣介石(しょうかいせき)は降伏せず、長江中流の漢口(かんこう)（今の武漢(ぶかん)）に移って抵抗した。

漢口は人口三〇〇万、湖北省の美しい大都市で大学や病院があり、競馬場が二つもあって日本をはじめフランス、イギリスの租界(そかい)があり、武漢三鎮とも呼ばれた。文学者で政治家でもあった郭沫若(かくまつじゃく)の「抗日戦回顧録」によると、漢口の若者はこぞって国民党軍に入隊し、市民はその日暮らしの貧しい者まで、ありったけの献金をして救国の応援をした。

名作「放浪記」を書いた林扶美子(はやしふみこ)は、この時従軍作家として戦争に協力し、新聞記者たちと大日本帝国陸軍の漢口への進攻に参加して「戦線」を書いた。出征した夫や息子の安否を気遣う家族のための応援歌で東京・大阪朝日新聞社の依頼だった。

林扶美子は砲火の飛び交う中で「兵隊さんが好き」と日本の将兵をたたえた。日本兵は泥だらけになって戦う。林扶美子は綿畑と水田がのどかに広がる村で、捨てられた中国兵の死体に真っ黒にハエがたかっているのを見た。しかし、彼女は戦火にさらされる民衆の苦難と悲しみを書いていない。彼女は黄塵万丈（こうじんばんじょう）の中で一杯の清水を飲みたいと思う。戦場にはクリークの汚れた水しかなく、それを飲み、それで飯を炊かなければならない。

林扶美子はこの進軍が侵略であることになぜか気づかなかった。一方、国際語エスペラントを学んだ長谷川テルは中国へ渡り、郭沫若の助けで夫の劉仁（リュウレン）と漢口へ入った。そこで二六歳のテルは漢口放送局のマイクから、日本軍の将兵に語りかけた。

長谷川テルと劉仁
「長谷川テル」せせらぎ出版から

「戦争をやめよう！　愛すべきこの国の人が家を失い、難民となって死んでいる！」

「ここにあなた方の敵はいません。貴重な血を無駄な戦いで流さないで！」

驚いた日本政府は、長谷川テルを「嬌声売国奴（きょうせいばいこくど）、赤の手先！」と新聞で非難した。

だがテルは動じない。彼女は攻め込んだ日本の兵隊に、若い女性の身ながら反戦を説き続けた。リンとした声は日本の将兵に電撃を与えたろう。

「日本の軍隊よ目を覚ませ、恥を知れ！」

「罪のないこの国の人に地獄の苦しみを与えている！侵略をやめて故郷へ帰りなさい！」

長谷川テルの愛と勇気と決断に私は衝撃を受ける。

戦火を逃れる人々「一億人の昭和史」毎日新聞社から

彼女は大陸の人々を愛して戦争の放棄を訴えている。長谷川テルはまさに「世界に平和を」という大義に生きたのだ。

だが一九三八年、国民党軍は四十数日も激しい日本軍の侵攻に耐えたが敗れてしまった。

林扶美子はうれし涙で漢口へ入城し、日本では各地で「祝漢口陥落」というのぼりを掲げて提灯行列をした。漢口が落ちれば蒋介石は屈服して、戦争は終わると日本人は期待した。だが、蒋介石は降伏せず、長江上流の重慶に移っていった。

国破れて山河あり

漢口を落とした日本軍は九江から支流のジャンジャン川を上って呉城にも攻めて来た。

対する中国の国民党軍五四個師団はポーヤン湖一帯に布陣した。呉城には南昌の学生五〇〇〇名も参戦し、何緒広さんも愛国心に燃えて、トーチカの石積みや船の侵入を防ぐ柵作りに出た。だが、それらは日の丸をつけた飛行機の激しい空爆や軍艦の砲撃でこっぱ微塵になった。

「呉城はひどい目にあいましたよ。街の七割以上が目茶苦茶に壊されて、三日三晩どころじゃない、何日も何日も燃えたんです。何千人も死にました。私を可愛がってくれた叔母……それに仲良しの友達もね」

叔母は父の妹で、自分は食べなくても、とぼしい椀のものを緒広さんには食べさせた。

「叔母はわずかの食べ物を持ち出そうとして、わたしの目の前で壊れた屋根の下になったんです。叔母の爆死は、口にするのもつらくて……」

目をしばたいた。

緒広さんは大切な叔母の弔いもできず、遺体のそばにうずくまりただただ泣いていた。

呉城の軍隊と学生たちは散り散りになり、呉城にはもう抵抗する組織もない。

進駐（しんちゅう）した日本軍は若い男を、兵士ではないかと片っ端から捕えて殺した。

「おい緒広、ドンヤングイが危なくて呉城にはおれんぞ。逃げるが勝ちだぜ」

「泣いている場合か緒広、とっとと避難せい！」

近隣に親類のあるものは家を捨て、天秤棒（てんびんぼう）で全財産を担いで命からがら逃げた。緒広少年も仕方なく叔母を捨て、黒煙をあげる呉城を何度も何度も振り返りながら故郷へ向かった。日本軍が撃つのかどこまでもバン、バン、バーンと爆発する音が追ってくる。

「国破れて山河あり……城春にして草木深……」

ポーヤン湖の草むらには見渡す限りレンゲが咲

炎上する呉城「一億人の昭和史」毎日新聞社から

き、空には無数のヒバリが囀っていた。

国は破れても山河さえあれば、祖国は必ず立ち直ると、緒広さんは杜甫の『春望』の詩をしゃくりあげながら歩いて行った。

　故郷では、纏足でよちよちしか歩けない母は、久しぶりに帰った末の子から叔母の爆死を聞いて卒倒した。母を抱きしめて緒広さんもただただ泣いた。

　その日本軍は呉城を落とすと、休む間もなく江西省の南昌へ向かった。

　一方、蒋介石のこもった重慶は天然の要害の地で陸からは攻撃できない。日本軍は漢口に飛行場をつくり、そこから重慶の町を何度も爆撃した。その回数は二一八回という。一万一〇〇〇人以上の罪もない老若男女が犠牲となった。重慶では今でも空爆で亡くなった人を悼んで五月三日と四日に慰霊祭を行っている。

　蒋介石は、非人道的な無差別爆撃であると世界に訴えた。長谷川テルも夫と重慶に入り、反戦の呼びかけを繰り返した。アメリカやイギリスは日本軍の中国侵略を非難し、日本への石油の輸出をストップした。石油は戦争の燃料としてなくてはならないものだ。すると一九四一年一二月八日、日本は真珠湾を攻撃してアメリカとイギリスに宣戦布告した。

「日の丸のドンヤングイ（東洋鬼）は、なんと戦争好きなことか！」

緒広さんが呆れ果てているうちに日本は広島、長崎に原子爆弾を落とされて連合国に降伏した。村のだれもが喜んで、踊り出すものもいた。

「これでドンヤングイなんぞ、一人残らずいなくなる」

二二歳になった緒広さんも大喜びで、母を背負って呉城に出た。貧しかったが力仕

望湖亭で万歳する日本軍 1939年3月23日
「一億人の昭和史」毎日新聞社から

事でも何でもして母親を養った。

中国はそれからも共産系の八路軍（はちろぐん）（人民解放軍）と蒋介石の国民党軍との内戦があって混乱は四年もつづいた。八路軍が勝って蒋介石は台湾へ逃れ、一九四九年、毛沢東主席が中華人民共和国の成立を宣言し、ようやく地主も乞食もいない国となった。

「やっとのことで、人間らしく暮らせる世の中が来たんです」

何緒広さんは微笑んだ。

珍奇な水鳥を食べていた

何さんは木材公司（もくざいこんす）で働くことになり、呉城の学習会に参加して、毛沢東思想に感動して共産党員となった。

木材公司は上流の森林地帯で伐り出した木材を、筏（いかだ）にして呉城まで流してくる。舟だまりにつないでおいて、太さや長さを測り、必要な人に公平に配るのが仕事だった。

何緒広さんは積極的な人柄が評価されて、最後の一五年間は二〇〇人以上の職場の長をした。

それが木材公司を定年退職して自由な身になってから「愛鳥模範」といわれるようになった。

「白い天鵝（ティンウォ）たちのお陰でしたな、全く」

手を叩いて喜ぶ。

ここではハクチョウを天鵝と呼ぶ。空飛ぶガチョウという意味だ。本物のガチョウはアヒルの数倍も目方のある家禽（かきん）で、放し飼いにされて村のあちこちにいる。

「晩秋、黄色い菊の花が咲き、湖の水が冷たくなると、どの魚も動きがにぶくなって肥えてきますな。油（あぶら）がのっておいしくなるんです」

「なるほど……」

「すると渡り鳥の大群は、シベリアやモンゴルの彼方からやってきます。そのころ天鵝のハクチョウやガンなどの渡り鳥は、誰もが害鳥（がいちょう）だと思っていました。ええ、わたしもです」

愛鳥模範は、屈託（くったく）のない笑みを浮かべた。

「彼らは草原に降りていれば無害ですな。そこで湖畔（こはん）の草を食べますが、たまたま大群で麦畑に降りるんです。そこで農民は、夜明けから麦畑の番をして追っ払います。そうしなけりゃ、あなた、とんでもないことになりますよ」

鳥獣による農業被害はどこの国でも悩みの種だが、その対策はまた別問題だ。

「せっかく芽の出揃（でそろ）った麦を、鎌で刈ったようにバリバリ食べるんですから！　農民には、渡り鳥の飛来は火事や洪水のような災難でした。ハクチョウとガンの群れは退治したいものの筆頭でしたよ」

そこで呉城の露店市場には、退治された渡り鳥がたくさん売られていた。羽根や毛をむしられ、首をもがれた大きな死体は、黒い水かきがあればハクチョウだし、少し小さければガン、三本指ならツルかコウノトリだ。

呉城のまわりの人々の主食はビーフンだった。ビーフンは米の粉を練って麺にし、それをゆでてから油でいためて食べる。おかずは野菜と湖の小魚だった。これも油でいためて味付けは塩。市場には豚や水牛の肉、鶏、アヒルも出るが、どこの家でも、たまにしか口にしない。魚に比べて割高だったからだ。

小魚ばかりの日常に、渡って来る水鳥の肉は食欲をそそられた。マガモやコガモ、オナガガモはひっぱりだこだった。マガンやサカツラガン、ハクチョウもよく売れた。コウノトリやソデグロヅルも珍しくない。人々は季節の味を求めて水鳥を買った。値段も魚と同じように安いものだ。

今は愛鳥家として名高い何緒広さんだが、そのころは妻と三人の息子たちと、ごく普通に水鳥を食べた。渡り鳥は大昔から人間に食べられるために渡って来ると思っていた。

一九七九年、中国政府はようやく野生動物の保護にのり出し、(一)狩猟を禁ずる動物。(二)狩猟を制限する動物。(三)狩猟をコントロールする動物を発表した。それに従って省でも布告を貼りだしたが、呉城の街まで政府の通達はなかなか届かない。

省の保護動物

八一年の暮れに、中国政府は天然記念物にあたる一級保護動物を定め、それに準ずる二級保護動物とともに全国に発表した。八二年、呉城の街にようやく省政府の布告と、色ずりの動物の絵が入ったカレンダーが貼り出された。ポスターほどの大きさである。

カレンダーには「江西珍貴動物」と書かれていた。華南トラ、ヒョウ、ウンピョウ、ヤマネコ三種、ゴーラル、キバノロ、毛冠鹿、黒鹿（水鹿）、梅花鹿、猿二種、ヨウスコウカワイルカ、スナメリ、両生爬虫類ではオオサンショウウオ、長江ワニ、ニシキヘビがあった。

鳥類ではオオハクチョウ、コハクチョウ、オシドリ、タンチョウ、ソデグロヅル、マナヅル、ナベコウ、コウノトリ、トキ、ノガン、ハッカン、クロハゲワシ、オナガキジの姿がある。

江西省の大部分は平原なのに、北側の廬山（ろざん）に連なる険しい山岳には猛獣のヒョウが生息する。カレンダーには、『珍貴な野生動物を守るのは人の責任』と赤でスローガンが入っている。以上の動物を法に反して獲（と）った場合、二年以下の懲役（ちょうえき）、もしくは罰金とあった。

「ええっ、渡り鳥も保護しなくちゃならんのか……、なぜなんだ？」

貼り出された布告に緒広さんが首をひねると、同じように眉をひそめる男たちがいた。

「おい、天鵝だのツルを獲ったら、懲役（ちょうえき）だとよ」

「天鵝を撃てないとすると、困ったな。相当、収入が減るぞ」

上空を、棹になりカギになってガンの群れが通っていった。

男たちは狩猟もする漁民だった。腕組をしながら通達を眺めていた。

真っ白な羽をつらねて、ハクチョウも広大な田んぼの落ち穂を食べにゆく。

「なあに、あんなにいるんだ、少々頂戴したって……かまうもんか」

遠くなる鳥影にうそぶく男もいた。

上海や広東省、浙江省などの沿岸部は、外国資本が導入されるとたちまち黒煙を吐く煙突が林立した。乱開発の手は長江流域へものびて、できたばかりの化学工場は有害な汚水を垂れ流し始めた。水質は悪化して野生のものの生存に赤信号がついた。

そこで北京の中央政府は、各省に野生動物の調査を指示した。ようやく環境保全の大切さに気づいたようだ。八二年二月、江西省の林業庁は呉城に鳥類科学調査隊を送った。林業庁は川や湖、山林原野などを管理する役所だ。中国最大の淡水湖、ポーヤン湖の鳥に、初めて科学の光があたる。

そのころ、道のない大平原に案内人なしには入れない。濃霧(のうむ)に閉ざされたら遭難の怖れがあるからだ。そこで呉城の役所では、前の年に定年退職した何緒広さんを案内に頼んできた。緒広さんは、遠くの村にイカダを組んで丸太を運んでいた。季節ごとに姿を変えるたくさんの湖、入りくんだ川の流れをよく知っている。

鳥類科学調査隊は、南昌の江西大学の鄭宗覚(ゼンソンジェイ)教授を団長に七人。緒広さんは先ずポーヤン湖の分割されたひとつ、中湖池を案内した。早春の湖畔の草丈は足首を少し越えるほどだ。それを踏んで近づくと、遠くからたくさんの水鳥の鳴き声が響いてきた。

「いたぞ……なんだろう?」

調査隊は、ワクワクしながら近づいた。

中湖池の湖面には、天鵝というハクチョウの大群が純白の花のように浮かんでいた。

「これは……ハクチョウじゃ、うーむ、ここはハクチョウの湖じゃ!」

年配の鄭教授は遠くから双眼鏡をのぞいて感嘆した。

「近づいてみよう、もう少し」

人影もない草原を一行は進んで行った。いくらも行かないうちに、草むらから、
ガァガァガァとカモの大群が飛び立った。浅瀬からはシギやサギの大群も飛び立った。

「うーむ、すばらしい! しかし、なんだ?」

ハクチョウの大群は首を上げ、沖へ沖へと遠ざかる。

渡り鳥が草と魚を育てる

鄭教授はいぶかった。

「どうしてこんなに人をこわがるんじゃ？」

「いままで天鵝やツルを撃ち殺していたからですな」

「いかん！　もう天鵝やツルを撃つ時代じゃない、ガンの狩りも止めたほうがいい」

「どうしてですか？」

江西大学の教授は、すぐには答えずに、

「呉城の野菜がとびきりうまいのは、草から作る有機肥料(ゆうきひりょう)のお陰だろう？」

農民たちは草原の草を積んで完熟堆肥(かんじゅくたいひ)にしていた。

「堆肥がないとすれば、土がやせて作物は貧弱になりますな」

「それだけじゃない」

鄭教授は草むらを指差した。

「緒広さん、ほら、これはガンが草を食べた証拠の落し物だが……」

鄭教授はいとしそうにそれを指さした。

「この落し物は村のためにとても大事なんだ。これが湖の魚を育てるんじゃ」

「これが？　魚を育てる？」

「そうじゃ、これがなければね、湖の魚は貧弱になるよ」

緒広さんは足元を見てたまげた。草原のどこにも、濃い緑色をした細長いものが転がっていた。チューブからしぼり出したような可愛い姿をしている。ガンのフンだ。

「緒広さん、ガンは草を食べてフンをする。するとそのフンは肥やしになって、湖畔の草は豊かになるな」

「それは、その通りですな……」

「それからな、ガンのフンは湖水にとけてプランクトンの栄養になるのさ。そのお蔭で大発生したプランクトンを……稚

ガンのフン

魚はバクバク食べて大きくなるんじゃ。プランクトンが貧弱になれば、湖の魚は育たないよ。ツルやコウノトリやハクチョウのフンも同じだ。渡り鳥はな、……悠久の昔から湖の魚を育ててきたんじゃよ」

緒広さんは腹の底からうなった。

「渡り鳥のフンが魚を育てていたのか！　知らなかったな！」

初めて聴く生態学（せいたいがく）の講義だった。

江西省の大平原に住む人は、魚介類（ぎょかいるい）を食べて生きていた。それがだめになったら、多くの人が生きられない。

「そうか……だから政府はツルやハクチョウの保護をはじめたんだ！」

緒広さんははっきりと科学調査の目的を知って、それからの二ヵ月、献身的に案内をした。お陰で調査隊は三〇万羽以上の水鳥が湖で越冬することを明らかにし、緒広さんは鳥の正しい名前を学んだ。野鳥保護の思想が、老境に向かう緒広さんの胸に芽生えていった。

暗夜の銃声

何緒広さんのアパートは、中湖池に一番近い呉城の町はずれにあった。

一九八二年一二月一二日の夜、緒広さんはそろそろ寝ようとして下ばきを脱ぎバケツで足を洗っていた。妻の火英さんは、壁際のベッドに入って掛け布団を胸までかけていた。

アパートのまわりは、ちょっとした団地だが、もう寝静まっていた。そのとき、緒広さんはかすかな遠雷(えんらい)のような音を聴いた。緒広さんは、窓辺に走りよって外を見た。月もない暗い夜で音は深い闇に吸われるように消えていった。

「なんだ？　排銃の音じゃないか」

音の向う数キロ東に中湖池がある。

「小舟を出して、ハ、ハクチョウを撃ってるんじゃないか？」

緒広さんの声は震えていた。

湖の狩猟隊は「排銃(はいじゅう)」というものを使っていた。排銃とは散弾を振りまいて発射する機関砲のようなものだ。

呉城の家にはどこにも暖房はない。夏には亜熱帯だが冬の夜の部屋は寒い。下半身をむき出したまま、窓辺に立ち尽くす夫を、ベッドから妻がたしめた。

「寝なさい、あなた。風邪を引きますよ」

「ちゃんと布告が貼り出されたのに」

「狩猟隊でしょうか?」

「たぶん、永興第三生産隊のやつらだ!」

彼らは男女二〇〇人で漁業をしているが、冬だけ、渡り鳥を撃つ狩猟隊に変身して獲物を市場へ出していた。排銃の猟は、ときにギャンブルのような大猟がある。それが魅力で人数は増え、七〇年代には第三ガン撃ち隊と呼ばれるようになっていた。

「悪いやつらめ……」

「そこで、お尻を出して怒ったって、どうにもならないでしょう。まず寝たら」

「うるせえな、おまえこそさっさと寝てしまえ!」

緒広さんは妻に八つ当たりした。

調査隊長の大学教授は呉城を去るとき、緒広さんに念を押した。

「中湖池の天鵝、いいですかハクチョウを守ってください。撃たれたりしないように」

それを思い出して、緒広さんは暗たんたる気持ちになった。

緒広さんは、まんじりともしない一夜を明かすと、朝から呉城の町の舟着場に出た。丘から見下ろすと、対岸に一〇〇隻以上の川舟がもやっていた。そこは永興第三生産隊と呼ばれる漁民の根拠地で、舟の長さは一四、五メートル、トタンや板で屋根をかけ、中に家族で暮している。呉城では一目おかれる存在だった。

「おい、昨晩、中湖池で排銃を撃ったものを知らんか?」

緒広さんは小柄だが、大きな声の持主だった。会う人ごとに声をかけた。

「さぁ……知らんな」

緒広さんは手漕ぎの小舟を頼んで、藩大龍(パンダーロン)狩猟隊長のところへ行った。手漕ぎの舟は立ったまま二本の櫂（かい）をハの字にして操（あやつ）る。

「排銃の音？　聞き違いじゃないか親父さん。うちじゃ昨夜出猟したものはおらんぜ」

隊長は不愛想でじろりと見下した。

「いいや確かに排銃の音だな、中湖池の方から聞こえた」

「なんだい親父さん、わが隊にケチをつけに来たんですかい？」

藩隊長はぐいと開き直った。それで小柄な緒広さんは何もいえなくなった。

音だけで、証拠の羽一つあるわけじゃない。緒広さんは、すごすごと引きさがった。

それでも反対側の川を渡り、中湖池へまわってみた。遠くからだが、たくさんのハクチョウの姿が見えた。何事もなかったように浮かんでいる。緒広さんはつぶやいた。

「はて、愛鳥というのはむずかしいな」

その時、ハクチョウの群れは一斉に羽ばたき、コォーコォーコォーと高い声で鳴きだした。助けてとでもいうように。

永興第三生産隊の排銃は一二八丁になり、猟舟は一二八艘に増えていた。ユーラシア大陸の水鳥たちが、大群で越冬する湖に重大なことが起きていた。

マガンの群「福井強志さん写真」

第五章　勇気ある告発

目撃者

次の夜、何緒広さんは再び銃声を聴いて覚悟を決めた。

「きっとハクチョウを撃ってるんだ、やめさせなくちゃならん」

翌朝早く、緒広さんは中湖池へ向かうつもりでアパートを出た。羽根がちらばっているとか、密猟のあとが見つかるかもしれない。

港の入り口で緒広さんは、若い男に呼び止められた。男は木材公司の職員で、かつて面倒を見た部下だ。低い声で緒広さんの袖(そで)を引っぱった。

「何同志、密猟を探しているんでしょう？　おいらは知ってるよ」

「ええっ、誰が？」

「しっ、静かに。おいらがしゃべったことが分かると……不味いんでね。何同志、おいらは夜勤で、一晩中、川べりの事務所にいましたよ」

木材公司は国営で、呉城の舟着場の対岸一帯に筏(いかだ)に組んでたくさんの丸太をストックしていた。丸太は省の奥地で伐られたものが川をくだって運ばれてくる。森林のない呉城で丸太は貴重だった。そこで滅多にないことだが、夜、丸太が盗まれることがある。木材公司では宿直をおいて丸太置場の番をさせていた。

その筏の川べり一帯に、水上生活をする永興第三生産隊の舟が何十隻も並んでいた。

「夜明けに何隻かあそこに舟が帰ってきて、土手の上で獲物を山分けしていましたよ。あれはもう獲ってはだめでしょう？　真っ白い大きな……は？」

若い男は、両手で羽ばたいて見せた。

「天、天鵝だね。で、何羽ぐらいだった？」

緒広さんはこみ上げる怒りを抑えて聞いた。

「ざっと二〇羽はいたね。かわいそうに、まだ生きていてバタつくのもいましたよ。しかし、おいらの名前は出さんでください」

緒広さんはうなずき、若者の手を握って分かれた。

狩猟隊の一派が、たくさんのハクチョウを密猟したことは間違いない。頭に血ののぼった緒広さんは前後の見境もなく、舟着場の水上警察署に駆け込んだ。後で思うとこれは短兵急だった。

事務所には、中年の警官が漁民らしい青年とタバコをふかしていた。緒広さんは、青年のいるのもかまわず、ハクチョウの密猟事件を訴えた。いま調べれば永興第三生産隊の舟から証拠の鳥が見つかるとまくしたてた。

故郷に泥をぬるのか

警官はうす笑いを浮かべて青年を見た。青年は上背のある男で、警官より先に言った。

「このごろは漁がなくてね、みな困ってるんだよ。ガンでも少々捕らないと……」

ガンはまだ猟鳥だった。

「いいやガンじゃなく、禁じられたハクチョウを撃ってるんだ」

「見たのかね、何緒広同志」

青年は、ぐいと眉を寄せた。緒広さんの名前をちゃんと知っている。

「いい加減なことを言ったら、永興第三生産隊の旗に泥をぬるんだよ。隊長から幹部が、そろって親父さんの家へ挨拶に行くんだな。ただじゃ済まんぜ……、えっ親父さんよ」

「あんたも第三隊か？」

青年は小さくうなずいた。まずいと思ったが、もう遅い。

木材公司の当直が見たというわけにはいかない。緒広さんは繰り返した。

「夜明けに、高台から見たもんがいるんだ。白いハクチョウをたくさん捕ってきたと……」

「はて、天鵝は、ほんとに禁鳥かね？　数え切れない大群で飛んでくるのに」

青年は鼻で笑った。不精ひげの警官は不勉強で布告を知らない。

「天鵝やツルを……撃っちゃ駄目なのかい？」

緒広さんは省政府の布告を出して警官に見せた。

「ほほう、法律が変わったのか。だけど天鵝のキモはうまいよな、わしゃ酒の肴に大好きだ」

ニヤリとして指でちょいと盃を持つ真似をした。警官がそんなだから青年はビクともしない。

緒広さんが肩を落として立ち上がると、青年は重ねた。

「あわてなさんな何同志。第三隊にゃ一〇〇隻以上も猟舟があるけど、まだ数隻しか出ておらんでね。天鵝を撃ったとしても、少しだよ」

「とんでもない！　一羽だって禁鳥を撃っちゃだめだ！」

緒広さんはどなって、また狩猟隊長の舟に行った。すると隊長は今度はとぼけた。

「天鵝を撃ってるって？　はて、わしらはガンを撃ってるんだ。禁鳥なんか、かまう者はおらんよ」

諸広さんは声を荒らげた。

「大学の先生がいうにはな、天鵝やツルは世界中で減ってるんだぞ。ポーヤン湖で越冬するのは、いいか、中国だけのものじゃないんだぞ」

隊長はそっぽを向いた。

緒広さんは省政府の刷り物を出して読んで聞かせた。それを密猟すれば二年以下の懲役、もしくは罰金という刑法も開いて見せた。隊長は見向きもしない。緒広さんは力んだ。

「やめないなら……いいか、わしゃ共産党員だが、上部へ訴えるぞ」

「訴えるって？　はて、呉城の人間は、みな兄弟のようなもんじゃないのかい。正義面をして、おかしな波風を立てるのが同郷の人間のすることかね」

藩隊長はせせら笑って舟の小部屋へ消えてしまった。緒広さんは隊長の説得はあきらめた。

狩猟隊の舟をめぐり、男たちに鳥類保護の法律をかざして訴えた。

「おうい、天鵝やツルなどの保護鳥はだな、もう捕ってはだめなんだ！　法律が変わったんだぞ。これはもう人間が守ってやらなければならないんだ！」

しかし馬耳東風（ばじとうふう）だ。耳を貸す人はいない。

手ぬるいことじゃだめ

その日の深夜、再び銃声を聞いて諸広さんは決心した。

「無法者（むほうもの）めら！　省の役所に訴えてやる！」

諸広さんが朝早く支度していると、妻と息子たちはあわてた。政府に何か訴えたりすることは、秩序（ちつじょ）を乱すとしてこの国ではタブーである。

「父さん待って、密告なんてやめてよ」

「バレたら永興第三隊の恨みを買いますよ。どんな目にあわされるか……。町の人だって呉城の恥さらしだって騒ぎますよ」

「なにを言うかお前ら、このままじゃ白い天鵝が滅びてしまう！」

緒広さんは妻や息子が止めるのを振り切って、朝一番の定期船に乗った。

「悪党どもに目をつむるんなら、共産党員などやめたほうがいい」

緒広さんは、自分にいいきかせた。

「密猟を止（と）めるのはみんなのためだ！」

諸広さんは船で五時間、昼過ぎに省都の南昌市に着いて、船着場からすぐ大通りに曲がった。そこは一九二七年八月一日、周恩来(しゅうおんらい)、朱徳(しゅとく)らが蜂起して中国人民解放軍を誕生させた聖地で、八一大通りと命名されていた。緒広さんは青年時代からそこを歩く度に、郷土の偉人への感謝と誇りで気持ちが高揚(こうよう)した。

緒広さんは胸を張り、解放軍のような足どりで省政府の林業庁に行き、窓口の担当者に密猟を訴えた。詰襟(つめえり)の人民服の担当者はどうしたことかせわしそうで、小さくうなずくだけだ。緒広さんは声を荒らげた。

「大切なハクチョウがだな、滅びてもいいのか！」

すると窓口の男は、不機嫌そうに引っ込んでしまった。とりつくしまもない。

何諸広さんは午後も遅く、てくてく歩いて江西大学を訪ねた。すると鄭宗覚教授はもう帰宅していた。冬の日は暮れやすい。それからはもう気力だった。灯がともるころ、諸広さんはようやく鄭教授のアパートを探しあて、中湖池でハクチョウが密猟されていると訴えた。

鄭宗覚教授は、現地の案内人がわざわざ報せに来たことに驚き、ともかく諸広さんを部屋に入れた。もう帰りの船はない。

諸広さんは鄭教授の部屋に泊めてもらうことになり、狩猟隊のありさまを教授に訴えた。鄭教授は腹を決め、翌日、諸広さんと一緒に省政府の書記局を訪ねた。窓口ではなく、直接、書記局長を尋ねて、天鵝というハクチョウの密猟は国家的損失と訴えた。

書記局長は省政府の最高権力者だ。彼は大学教授と地元の人の訴えを重く見た。

「永修県でハクチョウの密猟があるらしい」

調べるようにと電報を打った。

「手ぬるいことじゃ、排銃の密猟をとめることはできません」

何諸広さんの悲痛な顔を見て、書記局長は林業庁に、公安庁（警察庁）、裁判所からなる調査委員会を作ることを命じた。諸広さんは胸をなでおろして帰った。

一〇日後、何諸広さんは思いつめた顔で再び南昌へ出た。密猟調査の気配が全く見えなかったからだ。組織が形ばかりで動かないことは中国でもよくある。

諸広さんは林業庁に足を運び、調査委員を探して懇願(こんがん)した。

「どうか、どうかハクチョウを助けてください」

そこでようやく十数人の捜査班が出張して来て呉城の町は大騒ぎになった。

「誰が密告したんだ？　ええっ何諸広同志！　どうしてまた彼が……」

「天鵝を少々撃ったって、誰に迷惑をかけるでなし、表沙汰にすることなどないと思うけど」

しかし、捜査班は狩猟隊の幹部を集めて事情を聴いた。すると、中湖池でハクチョウを撃っていたのは、二〇〇名のうち六名だけで、捕獲したハクチョウは七〇羽ほどとわかった。

呉城の役所は事件を軽く見た。今回は初犯として処分は軽くすることにした。だが調査委員会は江西大学と協議して同意しない。共産党員が警告し、法令を示したのに従わなかったことを重視した。

江西省の第一書記は、珍鳥を殺した者の処罰を要求した。南昌の光明日報と江西日報も、美しいハクチョウの悲劇を訴え、永修県の処分は甘いと批判した。

永修県は各方面の批判に驚き、処分のやり直しを決定した。主犯の楊興善には拘禁六ヶ月、趙明福に三ヶ月の行政拘留、藩大龍隊長、劉興礼副隊長には罰金となった。

拘禁とは刑務所に収容して重労働をさせることだ。

県政府はこの審理を公開し、諸広さんは勇気をふるって証言に立った。

世界史に残る乱獲

呉城の町は、事件のうわさで持ちきりになった。

殺人事件があっても、省政府は人をよこさないのに、渡り鳥を殺しただけで大勢の捜査隊がやって来たのだ。

「天、天鵝って、そんなに大事なもんかね？」

「あたしゃ、天鵝なんて羽の生えた魚だと思っていたわ」

人々は厳しい捜査にびっくりした。

捜査隊は、密猟がここだけではないとみた。湖はいくつかの県が接している。そこで舟を出してポーヤン湖を調査して回ると恐るべきことがわかった。

八二年一〇月から三ヶ月間に、ポーヤン湖の周りの波陽、余干、湖口、都昌、永修の五県で、ソデグロヅル二羽、ナベコウ一羽、コウノトリ九羽、マナヅル一羽、それにハクチョウ五〇〇羽が射獲されたことを突き止めた。

ポーヤン湖で越冬するハクチョウは、コブハクチョウ、オオハクチョウ、コハクチョウの三種だが、犠牲になった多くは北極圏で繁殖するコハクチョウだった。

彼らは九月になると鳴き交わしながら大群になり南下する。シベリアのタイガからアムール河、ザーロンの湿地に滞在し、万里の長城を越えて黄河に休み、長江を渡ってうれしげにポーヤン湖にたどりつく。そこが悠久の昔からのコハクチョウたちの越冬地だ。

そのコハクチョウの羽毛はダウンとして人気が出て、禁じられたのに高級布団や防寒服にひっぱりだこになっていた。協同組合、輸出商などは値段をつり上げていた。捜査隊はポーヤン湖の北岸の波陽県地方物産公司（会社）が扱った羽毛の統計を見つけて押収した。

一九七六年から八一年の五年間に、会社が狩猟隊から買い入れたコハクチョウの羽毛は、毎年三〇〇斤（きん）以上、多い年は六〇〇斤（約三六〇キロ）に達した。コハクチョウ一羽から二〇〇グラムの羽毛がとれる。すると多い年は一八〇〇……、実に一八〇〇羽ものコハクチョウが殺されていた！　何緒広さんは天を仰いだ。

「こんなことをしていては、湖は死んでしまう！」

これは世界史に残る乱獲だろう。

捕獲されたコハクチョウには、生きているものが三五羽いて、すでに南昌市の食糧、搾油輸出会社に売られていた。そのうち五羽は、はるばる蘇州（そしゅう）市の花木盆景会社に転売されていた。蘇州は上海に近い有名な観光地だ。

蘇州まで追跡すると、コハクチョウは蘇州動物園に売られ、風切り羽根を切られて池に放されていた。調査委員会は、この状況を江蘇(こうそ)省林業庁に報告し、林業庁は蘇州花木盆景会社に、五〇〇〇元の罰金を科して自己批判を求めた。

農薬を使う悪質な毒殺も発覚した。

呉城からもっと南方の漁民は、稲モミに農薬を浸みこませ、湖畔や中州にまき、多数のガン、カモを毒殺した。毒殺した鳥を、もう一度散弾銃で撃って市場に出した不届き者もいて、これを食べた四人が中毒した！

ポーヤン湖の密猟の摘発
1999 年 12 月 3 日 法制日報

第六章　湖の小さな巨人

銃猟の禁止

南昌市で竹籠の中で生きていた三〇羽は、中湖池へ放されることになった。八三年一月二七日、囚われのコハクチョウは南昌から川舟に積まれ、一日がかりで中湖池へ運ばれてきた。その日、大平原の湖には呉城の町から大勢の人が集まっていた。コハクチョウの放鳥式が開かれるのだ。

出席した機関は、江西省科学委員会、省科学院、林業庁、環境保護事務局、公安局、検査庁、裁判所、外国貿易局、南省市庁と報道関係者。もちろん、県と呉城の町からも責任者が出席し、密猟した永興第三生産隊員も渋い顔をして並んだ。

人々が見守るうち、『天鵝を再び湖に帰そう』という横断幕が張られた。

江西大学の若い教授が、天鵝、つまりハクチョウは郷土の宝で、中国の貴重な文化財であると講演し、永修県の幹部が、二度と過ちを起こさないと誓った。

竹の大籠に入れられたコハクチョウは、髪を三つ編みにした可憐（かれん）な娘さんたちに抱かれ、首にピンクのプラスチックの輪をはめられた。拍手と歓声の中で波打ち際から湖に放された。コハクチョウたちはコォーコォーコォーと鳴き、ぎこちなく羽ばたきながら滑走していった。被弾(ひだん)して囚(とら)われたのだから、うまく飛べずに遠ざかる。

　このとき、何緒広さんは招かれず、ただひとり中湖池を見下ろす獅子山から、この光景を眺めていた。双眼鏡で豆粒ほどにしか見えなかったが、三〇羽ほどのハクチョウが懸命に青い青い湖に帰ってゆくのを感無量で見つめていた。

　捜査隊が強制捜査で多くの水鳥のむくろを見つけると、省政府はガンカモの果てまで一切の猟を禁じた！　永興第三生産隊の排銃一二八丁は、すべて没収！

　江西省は、事件の起きた中湖池の二二四平方キロメートルを自然保護区とした。湖畔の人々は目を丸くし、ようやく時代が変わったことを悟った。

　何緒広さんは有名になり、それからの日々、水鳥の観察を続けて記録をとった。すると省や北京から来る学者や報道関係者たちは、緒広さんに水鳥の様子を尋ねるようになった。人々は傷ついた鳥を見つけると、緒広さんへ持ってきた。

　永修県は、何緒広さんに「愛鳥模範」の称号を授けて、賞状と三五元の賞金を贈った。緒広さんはその賞金を、密猟を教えてくれた若者や協力者に分けてしまった。

その年の一二月、江西日報の二人の記者がポーヤン湖を訪ね、吹雪の舞う湖畔でソデグロヅル八四〇羽の発見となったのだ。

日が傾くまで話を聞いて感嘆した。大平原の果てに希望の人がいる。日本にだって、これほど粘り強いナチュラリストはいるだろうか。私は絶賛した。

「ポーヤン湖の小さな巨人！」

緒広さんは、ポーヤン湖を救ったのだ。

冬の低気圧

翌朝、夜が明けたのに暗い。

水の惑星はゴーゴーと荒れていた。

湖に暗雲がたれこめて雷が鳴っている。

冬の低気圧は珍しいという。

天空の端から端まで巨大な龍が暴れて、壮大な稲妻が走っていた。

強風がうなり、一羽の鳥も飛ばない。

雷鳴は、湖の声のように胸を揺する。

ポーヤン湖が無言で訴えるものはこれだった。


わたしは小さな巨人にしびれていた。

よくここまで日本人に打ち明けてくれた。

こうなれば、秘められた事件をくわしく知りたい。

だが、他国の犯罪を聞きたがるのは非礼（ひれい）というものだろう。しかし、ポーヤン湖の未来のために、水鳥の受難を明らかにすべきではないか。ここには中華人民共和国鳥獣行政の盲点がある。それを明らかにすることはアジアの環境保全に役立つはずだ。

わたしはふるいたって章斯敏所長の部屋をノックした。

「狩猟隊長に、会わせてください」

すると章所長はギクッとした。彼らは、密猟事件で処罰（しょばつ）された人物だ。

「そ、それは……考えさせてください」

郷土の恥を外国人に紹介していいのか。章所長は、片腕のように信頼する徐君を呼んであれこれ迷っていた。共産主義国は国家の威信を損なうことを嫌う。それなのに日本人の興味は隠したいことへエスカレートする。

「この客人の行動は、観光旅行からはずれているんじゃないか？」

きつく眉をしかめた。

その上、章所長の姉は、密猟を告発した何緒広さんのアイレン（愛人）だという。愛人とは連れ合いのことだ。狩猟隊は、その義理の弟をまだ恨んではいないか。章所長にも、ある感情を持っているかもしれない。

しかし、わたしは懇願した。

「アジアの水鳥保護のために、力を貸してください。中国のためでもあるんです」

徐君は所長のそばで静かにうなずいている。その表情は好意的だ。

それに押されるように、章所長はとうとう決心してくれた。

狩猟隊長がいた

次の日、風はまだやまず湖は時化の海のように荒れていた。

わたしは不安な気持ちを抑えて、章所長について永興第三生産隊を訪ねた。

永興第三生産隊の事務所は大通りの二階にあって、中年の男性の書記長と男女の事務員がいた。木製のデスクが四つ、裸電球が下がった一〇畳ほどの部屋で、壁際に長椅子が三つ。隅の机には魔法ビンがおいてある。ここが狩猟隊の根拠地だ。

壁に党旗が飾られて、血虫病予防のポスター、野生動物保護のカレンダーがあった。反対側には人民日報、江西日報が張られ、ガラス窓には鉄格子が入っている。机の上には大きなソロバンが二つ。夏には亜熱帯で酷暑になるのだろう、天井には大きな扇風機のプロペラがあった。女子職員がお茶と小ぶりのミカンをひと山、机の上に出した。

書記長が港の対岸まで小舟で隊長を呼びに行き、その間、男女の事務員から話を聞く。

永興漁業第三生産隊は、かつては人民公社だった。隊は三つの部門から成り立っていた。一つは網と釣り。二つめは鵜飼い。三つめが排銃による狩猟だ。隊員数は、子どもや年寄りも入れて六〇〇人、収入は一人あたり年間四〇〇元。農民より収入は多く、中の上の暮らしという。人民公社の時代は働かなくても手当てを出したが、今は働いた分だけ出すことになった。

話を聞いていると書記長が帰って来た。

「えーと、ガン撃ちは中止になり、排銃の部門はなくなりました。みな元からの漁師にもどったんです」

中年の書記長は説明して苦笑した。

待つうちに、音もなく一人の男が入ってきた。濃紺の人民服でただものならぬ風格がある。藩大龍(パンダーロン)さん――密猟事件で罰せられた責任者、五六歳。とうとうポーヤン湖の狩猟隊長を探し当てた！
藩さんは不精髭（ぶしょうひげ）のまま、どこか不機嫌に椅子にかける。章所長はさっと煙草をすすめた。お茶が出されるうちに、もう一人男が現れて、もっとふくれっ面で藩さんのそばにかけた。劉興礼（リュウシンリ）さん六〇歳。狩猟隊の副隊長で若い時は湖南省の八路軍新四軍の副隊長という。八路軍はのちに人民解放軍と改名した。

劉さんは上目づかいにわたしを見た。わたしは二人に中日友好のための取材ですと頭を下げた。すると劉さんは、プイと吐き捨てた。

「なに、友好だと？」

狩猟隊の潘隊長（右）と劉副隊長（左）

昔はもっと大きなツルがいた

ギクリとしたが懇願(こんがん)した。ハクチョウは日本へも渡ってくる、ポーヤン湖のハクチョウは日本へ渡るものの兄弟だろう、かつては多かったのに前途に不安がある。国際的に保護したいと頭をさげた。宋さんの丁寧(ていねい)な通訳が効き、二人の表情は幾分やわらいだ。

そこでまず、ポーヤン湖を有名にしたソデグロヅルのことから尋ねた。すると藩大龍さんは口を開いた。

「あのツルは昔からリンツ（霊鶏）と呼んでいたんだ。バイフー（白鶴）と呼び出したのは、最近のことだ。ああ、昔から湖で越冬していたんだ。五〇年代、六〇年代には今より多く、七〇年代に一時減ったが……今はまた増えてきたな」

新聞記者の発見とされたが、やはり村人は昔から知っていて、神聖な鳥として霊の字をつけていた。

「昔といっても、一〇〇年ほど前までは、ここに紅冠白鶴(こうかんしろづる)がいたんだ」

「タンチョウのことですか？」

「いいや、タンチョウヅルじゃない。タンチョウの倍ほどの大きさがあって、鳴き声はかん高いベルのようだったと年寄りはいうな。今はどこにもいないそうだ。滅びたんだろう」

のっけから度肝を抜かれる。

湖に渡来する五種のツルでは、タンチョウとソデグロヅルが一番大きくて重さは八キロもある。滅びてしまった紅冠白鶴はその倍の目方があったという。さすがは大陸、大きな話があるものだ。一呼吸おいて、話をツル料理にむけてみた。

「日本では、うまいものの例えにツルの味という言葉があります。殿様たちがツル料理を最高のご馳走にしたといいますが、どうでしょう？」

「そりゃ知らないからだべぇ。どのツルも結構なもんじゃない」

ふたりは渋い顔をした。

「ツルの肉には独特の臭みがあって……」

「おいしくないんですか？」

「ツルは小魚を食べるんだな。魚を食べる水鳥は肉が生臭くて……どれも味が悪い。コサギとかアオサギなんぞは食べられないほどだよ。トウガラシをいくら入れてもだめだ」

ツルのスープなんて、絶品かと思っていた。おいしくないとは意外！

「ツルはどれも小骨が多いし……」

「それに長生きなんだろう、肉はどれも固いんだな」

「それでもクロヅルは、まあまあ、ほかのツルよりはいいぜ。小柄だけどな」

「ソデグロヅルからは脂がとれるんだ。脂の多いツルだよ、あれは」

ようやく猟師たちの口がほころんできた。

ツルの味

元ガン撃ち隊の二人は、よく陽に焼けていた。物腰はゆったりとして、隊のリーダーらしい重みがみえる。藩(パン)さんは人民帽で、劉(リュウ)さんはモンゴル帽だ。モンゴル帽は吹雪の際に後ろと頬をおおうことができる。暑くなったら上にまくっててっぺんに紐で結ぶ。

そもそも、湖や川の漁師は昔から家を持たない。代々低い屋根をかけた川舟で生涯を送る。今は子どもが学校へ通うのに便利なように、呉城の港の対岸に舟をもやっている。もともと漢民族という。中肉中背の日本人といってかわりがない。

「ナベヅルも白鶴よりはいいぜ。まああの味だ。白鶴は珍鳥だって騒いでいるが、ここにはたくさんいて……うまいもんじゃない。

漁民の舟の家

少ししかいないけど頭のてっぺんの赤いタンチョウも、だめだ」

「コウノトリもだめだな。目方はあるが味はひどく悪い。あちこちの湖に二、三〇〇はいるだろう。ナベコウは少ししかいない。あれはほとんど捕れないな」

二人が語るのは、まさに前代未聞のことだ。

「ガンといったって、ここにゃ五種類渡ってくる。数え切れないが、まあ十万羽以上という、学者の話だ。そのうち三割は小ガンだろう。あとは大部分大ガンだ」

小ガンとはマガンやヒシクイなどで、大ガンとはサカツラガンのことだ。

「小ガンは大味で、まあ普通のカモの味だ。大ガンはガンのうちで一番うまいな。あれは日本には渡らないのかね？　肉は多いしりっぱなガンだよ。大きいのは目方が四キロ半もあって脂がよくのっている」

「大ガンの肉味だって？　ふん、ほら、飼っているガチョウにそっくりさ」

そういえば、シナガチョウはサカツラガンを改良した家禽だった。呉城の町でも、アヒルの群れに混じっていたり、農家の庭先に遊んでいた。アヒルよりぐんと背が高い。

元狩猟隊長は身をのりだした。

「ガンは、ここじゃ減ってないべぇ。大ガンだってひと群れで数千羽のこともあるしな」

「数千羽？」

「ああ、飛び回る大ガンで空が暗くなることもある」

猟を再開させてくれ

サカツラガンは、まだまだ大群がいるらしい。それはうれしいことだ。

「ガンは中秋節（秋の彼岸）から飛んでくる。小ガンが早く、大ガンは遅れてくるな。翌年の新明節（春の彼岸）になったら、北へ帰りはじめるんだ」

そういうと元狩猟隊長は、突然、章斯敏所長に向き直った。

「ガンまで禁猟になって、みんな困ってるんだ。わかってるだろう？」

口調に深い恨みがこもっていた。

ポーヤン湖渡り鳥保護区管理所の章所長は省政府の窓口で、有害鳥駆除の許可を出す権限を持っている。

「ガンどもは畑に降りて麦を食べるだろう、何百、何千の群れで」

劉さんもドスの効いた声になった。

「おおう、ナタネの花の咲いてる畑がやられて半作にもなんない村があるぜ」

「農民は悲鳴をあげてるんだ。なんとかしてやるべきじゃないか！」

二人はガンや水鳥が有益で、そのフンが魚介類を育てることを知らない。

「政府は、これまでガンの羽毛を買い上げてきたんだし、それを一方的に中止して……なんじゃい、今度は捕ったら逮捕だ、懲役だと……」

元狩猟隊長らはハクチョウの密猟事件で、はなはだ不名誉な処分を受けていた。役所にはまだ含むところがある。

「漁業生産隊は収入減で困ってるんだ！」

「五年も休ませたんだ……、そろそろ許してもいいんじゃないか」

改革開放に沸く上海、広州などの話を聞いて、だれもが所得の向上にあこがれていた。それには排銃の再開がてっとり速い。排銃の没収といっても倉庫に鍵をかけて封印（ふういん）しただけだ。いつでも引き出せる。

「まあまあ」と章所長がさえぎった。眉をしかめて、その話はまた後でと言ったようだ。

二人の表情は晴れない。政府といっても今は公社だが、ガンの羽毛は長いのと短いのに分けて、いくらでも買った。サカツラガンの羽毛ならキロ八元した。肉もキロ四元から五元の高値だった。元猟師たちは語気を強めた。

「今は倍の値段で売れてるんだ」

最高指導者の鄧小平（とうしょうへい）は『黒い猫でも白い猫でもネズミを捕る猫はいい猫だ』とけしかけていた。金儲（かねもう）けのためなら何をしてもいいと聞こえる。流域（りゅういき）のどこかで、恐ろしいことにまだ捕っている連中がいる。

八〇〇羽のハクチョウを血祭りに

うながされて、藩大龍（パンダーロン）さんはしぶしぶまた猟の話になった。

「大猟の話なら、いくらでもあるさ。たしか……一九五六年のことだ。一五人で白鶴を一夜に八八羽撃った」

「ソ、ソデグロヅルを八八羽！　そ、それをどうしたんですか？」

霊鶏と先祖は敬っていたのだが、共産主義の国となってからは鶴を敬うなんて迷信とされた。藩さんはこともなげに言う。

「ふむ、ツルとかハクチョウの風切羽根からは、大きなウチワを作るのさ。一羽で四つできるが、白鶴からは五つとれる。竹の柄をつければ売れたんだよ。南の国へ輸出もしたのさ」

インドかどこかの王侯貴族が、召使いに大きな羽根ウチワで風を送らせている絵を見たことがある。あれは、こんな所で作られていたのか。

「うちの年寄りは、ツルの足をポリポリかじるのが好きだった。大きな三本指だが、鉄鍋で空煎りすれば晩酌のつまみになるんだ」

「ツルの脛もスープにゃいいんだ。長くて太いものだが、包丁で短く叩き切ってな、頭やくちばしも煮て食うのさ。ツルの頭はまあまあの味だよ」

中国の人は、信じられないものを胃袋に入れる。

「一九六二年ごろだ、水鳥はいまよりずっと多かったな。二〇名ほどの組で、天鵝を一夜に八〇〇羽捕った」

「なななにっ、ハクチョウを八〇？」

「いいや、八〇〇だ」

副隊長の劉興礼さんも平然とうそぶく。

脳天にガーンと一発食らった！

八〇〇羽とは想像もできない。

「そんなに捕れると、家族のいる呉城まで運ぶのが大変だった。たしか、運搬だけで四日かかったな。生産隊を総動員して」

「ど、どうやって運んだんですか？」

「小舟から湖岸におろして……白い山のように積んで……。夜通し監視する番人をふたりおく。狼みたいな野犬の群れがいて、油断すれば喰い散らされるんでね。そこから舟の待つ運河まで運ぶのが大変だった。五キロばかり道のない荒れ野を担いだのさ」

劉さんは右手を肩に天秤棒で担ぐしぐさをして見せた。

「力のある者は、竹籠の前と後ろに二羽ずつ入れて、力のない者は、どちらか一羽にする。まあ、女にも強いものがいて男と同じ羽数を担ぐんだ。それを運河まで運んで、そこからは舟で呉城まで運んだのさ」

「羽毛をむしる仕事は、舟の中で女、子どもから年寄りまでが総がかりでする。これも楽じゃない。一日中むしれば指先がひび割れ、血がにじんでじんじん痛む。舟の中は白い綿毛だらけになるんだ。それを袋に詰める。しかし売りに出せば、みんなが大喜びする値がついたな」

「天鵝の小さいのは四キロ、でかいのは八・五キロある。食べるとしたら……天鵝の味はいいんだ。肉とスープはくせがなくてペキンダックよりずっとうまい」

男女の職員もだまってうなずく。

「そ、そんな大量の鳥をどうやって処分したんですか？」

「はらわたや内臓を取り、塩をすれば一ヶ月はもつのさ。そうして遠くの町まで運ぶと、……最高の値がついたな」

魚や動物質のものを好むサギやコウノトリに比べ、ガンやハクチョウの食べ物は植物性のものだ。それで肉や脂に全く悪臭はないという。

水鳥たちの地獄

藩大龍さんは、仕方がない、隠していたことを教えようという顔になった。

「一九七〇年代の冬、四二名で出猟した。そのとき、指揮官はわしで副官が二名いた。最初の一斉射撃で、小ガンを四〇〇羽撃った。その夜、四回の発砲で合計九〇〇羽捕った。ひと冬では、どれだけ捕ったかわからん。いずれ、カモが一番多く捕れるが、小ガン、大ガン、ツルに天鵝も合わせて数万羽だったろう」

こみあげる悲鳴を、固くこぶしを握ってこらえる。

「猟は冬、月のない夜にやるんだ。半月やったら、半月休む」

「ええっ、真っ暗な晩に出猟するんですか?」

「そうだ、猟は闇夜にするんだ。どんなに暗雲がたれこめても、その上に細い三日月でもあれば、水鳥は舟の接近に気づいて、さあっと飛んでしまう。そりゃ敏感なもんだ」

元隊長はちらりと殺気のようなものを見せた。

「四時ごろ、夕食をすませて三メートルほどの舟で出猟する。猟舟のへさきにゃ倉庫から出して排銃を二人がかりで据え付けるのさ。排銃は長さ四メートル、口径は五センチだ。重さは四〇キロある」

「へえーっ……」

「機関砲と思えばいい。排銃の機関部にゃ、一発に七〇〇粒くらい、豆粒ほどの鉛の散弾をつめる。有効射程距離は七〇メートルだ」

「排銃の一発分は普通の猟銃の何十発分もある。だから、一発のコストは安くない。小ガンなら三羽捕らないと、採算がとれないのさ」

「日が落ちたら、岸をまわって水鳥の群れが集まっている場所を確かめておく。そこで鳥たちは眠るんでね。真っ暗になるのを待って舟を出すんだ。横一列に並んで、指揮官の舟が真ん中だ。真っ暗な晩でも、水面はぼんやり光るんでな。それで湖面で眠っている水鳥の居場所は、黒々とした塊でわかるんだ。中島に集まっていることもある。それに気づかれないように、そうっと猟舟で近づくんだが……」

「舟は白く塗り、人間も白い布を頭からかぶって、白い服を着るんだ。白づくめのほうが、鳥に近づけるんでね」

暗夜、黒づくめより、白が有効なのだ。

「指揮官は本当につらいんだ。数十隻の猟舟を率いて……一隻に一人ずつ乗るんだが、絶対に声を出してはだめだ。指揮に従わないものは、例え自分の父親でも伯父でも殴らなければならん。そりゃ……つらいもんだ。一人の失敗で鳥の大群が飛んでしまったら、皆の苦労が水の泡になるんでね」

男たちは、猟舟の最後部に左足をのせ、右は素足を水中にして水を漕ぐ。まったく音を立てずにそろそろと進んでゆく。普段は小舟は二挺魯で漕ぐのだが、魯を使えば水音がして水鳥はたちまち飛んでしまう。

「上体は前へ伏せて、目の前には、排銃の機関部がある。そこの火皿に、着火した線香を一本、火種を下にして構えて行くんだ」

「線香ですか？　あの仏さまに棒げる、あの細いもの？」

「そうだ。マッチを擦るわけにはいかないから、舟出するとき着火して片手に持つんだ」

ここの線香は、箸ほどの太さのものだ。

阿鼻叫喚

獲物までは沖合、数百メートル、いや一〇〇〇メートル以上のこともある。ツルやハクチョウなどの大きな水鳥は、血縁のものは二、三〇羽のグループになり、夫婦と子どもは必ず寄り添って眠る。

そこに舟団はひっそりと展開する。水音を立てないように。暗夜だが、隣の舟はおぼろに見える。脛から先の足で静かに舟を漕ぎながら、ひたひた、ひたと近づき、機関砲のような排銃の先を水鳥の黒いおぼろな集団に向ける。全神経をとがらせて待つ。

「タァー（撃てっ）！」

指揮官の鋭い声で、男たちは構えていた線香の火を、ぐいと火皿の火薬につける。とたんに起きる、すさまじい発射音と赤い火矢。猟舟は爆発の反動で一気に五メートルもバックする。そうして、わき起こる鳥たちの悲鳴。

断末魔に水を叩く羽の音、飛び立とうともがく音、低く旋回（せんかい）してぶつかり合い、墜落するものの水音とうめき。そうして高く飛んでゆく無事だった鳥の嵐のような羽音……。闇のなかで鳴きかわす、最愛のものと親兄弟を呼ぶ声……、それが旋回しながら遠くなる。

男たちはひと声ももらさず、湖面に浮かぶ獲物を拾って舟に積む。半死半生で逃げるものを追いかけて、竹竿の先につけた鉄のカギで回収する。叩き殺してだ。

「獲物を全部舟に拾えば、線香の明かりで、排銃にまた弾丸と火薬をつめるんだ。懐中電灯なんてどこにもない。そうして、再び横一列の隊列を組み、指揮官の指す方向へ獲物を探して進んで行く」

湖をさまようように猟は一晩中つづき、明るくなれば、舟の中でぬれた足を拭いて、しばし仮眠をする。それから基地まで獲物を運ぶのだ。舟だまりへの帰宅は昼頃のことが多い。それまで飲まず食わずだ。

そこで、藩大龍さんの顔は暗くなった。

「しかし、夜のガン撃ちほど苦しい仕事はないんだ。あれはもう、五〇歳になったらできるもんじゃない」

「なぜですか？」

元狩猟隊長は、太ももから脛をさすって頬をゆがめた。

「誰も彼も足から腰まで神経痛にやられて、身体をこわしてしまうんだ。長靴をはいていくが、猟舟をこぐときははだしで凍えるような湖に入る。風が出て雪になることもある。下半身はびしょぬれで、寒さは骨身にしみる」

舟だまりの女たちに獲物を渡し、暖かいものを食べてひと眠りすれば、もう夕方だ。

「半月の間、毎晩猟に出れば、どんなに強い若者でも目が落ちくぼみ、げっそりやせる」

聞いていて腹の底からため息が出た。

しばしば氷も張る湖で暗夜、それほどまでして猟をするのはなぜか？

「猟期にゃ誰も彼も燃えるんだな。獲物を捕りたくて仕様がない。寒いも痛いもないんだな。夢中で」

「魚捕りとは、まるで違うんだ、意気込みが……」

元猟師たちの顔に暗い笑みが浮かんだ。

原始的な狩りの本能がポーヤン湖に残っていた。だがこれはもう地球環境とは両立しない。

ここで私は慄然とした。ハクチョウやツルなどの猟はここだけではない、大陸の広大な渡りの途中で続いているのではないか。だからどの鳥も異常に人を警戒する。

そして元狩猟隊長らは銃猟の再開を願っていた。再開のおそれは十分にある。

中国は全土で野生動物との共存を見直すのが急務ではないか。

第七章　花嫁は酒豪！

風土病

次の晩、元狩猟隊の二人をお礼に招待所の夕食に招いた。二人は昨日とは違って、どこか恐縮した顔でやってきた。そもそも遠慮深い漁民なのだ。

ご馳走を運ぶのは張開顔さん。そこで藩隊長は強い酒を豪快に干したが、劉さんは、ビールのコップにも手の平でふたをする。少しやつれた顔で、

「今年は二ヶ月も入院して大変だったわ、血虫病にやられてしまって……」

酒を控えるわけを話した。

のどかに見えるが、ポーヤン湖の水辺には恐るべき疫病神がいる。お腹がパンパンにはれる風土病があるのだ。住血吸虫という寄生虫が肝臓に寄生して発病する。ここでは血虫病というが、昔は発病すれば終わりだった。何諸広さんの父や兄もこれで倒れた。今は駆除する特効薬があるが、発見が遅れれば肝硬変を起こす業病にかわりはない。

この住血吸虫は、ミヤイリガイの一種で長さ五ミリほどの巻貝を中間宿主にして、

〇・三ミリほどの微細な幼虫で泳ぎだし、哺乳類の宿主が近づくのを待っている。水に入った水牛やブタ、キバノロ、人間などの皮膚を破って侵入する。血管の中にもぐりこみ、やがて肝臓に寄生する。

「舟で暮らす漁民は魚みたいなもんですわ。喉がかわいたら川の水をガブガブ飲みますよ。川の水は甘くておいしいですからな。それに毎日水浴びですよ。それで血虫病に感染するんですな。裸足で水辺を歩くこともだめというな」

住血吸虫の幼虫は、因果なことに足や脛のごく小さなキズから入り込む。感染した者は肝機能障害を起こして腹水がたまる。

「いまは家族の者に生水を飲むな、川に入るなと注意されてばかりいますよ」

田んぼへ素足で入るのも危険なのだ。藩さんは、

「いや、年中危険じゃないんだ。住血吸虫の幼虫が泳ぎだすのは真夏の七月だけらしい。その時期さえ川に素足で入らんようにし、生水を飲まなければ大丈夫だ」

胸を張ったが、劉さんは小太りのお腹をなでて顔をしかめた。

「症状は慢性の肝臓ガンです。わしゃ入院して、苦い薬を何回飲んでも、虫を追い出せなくて苦労しましたよ。何匹かまだここに巣食っているんですな」

住血吸虫は東南アジアの淡水の水辺に広く分布していて、悲惨な流行地が各地にあった。日本にも山梨県の甲府盆地、広島県の片山盆地、北九州の筑後川下流などに日本住血吸虫のために住人の絶えた村があった。

湖畔の村の生活に住血吸虫は障害になる。

ミヤイリガイが中間宿主と知った省政府は、一九七〇年代に入って、この巻貝の退治に湖水や川、水田に殺菌剤で除草剤（じょそうざい）のペンタクロロフェノールの散布を命じた。これは発ガン性があり、中枢神経に有害とされて日本では使用禁止だ。

江西省は航空機を飛ばしてペンタクロロフェノールを散布し、村ではいわれるままに大量の薬剤をまいた。するととんでもないことが起きた。

「岸辺に小魚が浮きあがりました。白い腹を出して一面に死んだんだわ。オタマジャクシやカエルから、流れのない場所では大きな魚も犠牲になったのさ。腐って悪臭がしたものを見て漁民たちは落胆したんです。女たちは声をあげて泣きましたわ……みんな」

実際、ポーヤン湖の魚が減っているということは何人かに聞いていた。薬剤散布も原因ではなかったか。

「草を食うノロまでよろよろして死に、水鳥にも被害が出て渡来数は激減したな」

「あの殺虫剤は、まったく……毒薬ですな」

草に付着した薬剤を食べてキバノロも死んだのだ。

「それでミヤイリガイは退治できましたか？」

「とんでもない！　小さな巻貝はしぶとく生き残ったわ！」

「無数の細流や水溜りまで、どうやって薬剤をまきます？」

二人はとがった目をした。

「白鶴の大群の発見が薬剤散布を中止させましたよ。つい四年前のことだわ。それから小魚が回復に向ったな。毒のない水に、ぞろぞろと生まれて泳ぐのを見て、だれもかれも喜んだよ。そうしたら水鳥も復活のきざしを見せましたな」
二人は、うれしそうにまた箸を動かした。
ソデグロヅルがポーヤン湖をよみがえらせたとは、なんとうれしいことか。

砂はガンの好物

翌朝、港へ出ると、幼児を抱いて丸太に腰を下ろす老人が
「昔の犬を使うガン猟をだな、お前さん聴きたくないか」
声をかけてきた。ハイハイと喜んで腰を下ろした。日本人が猟の話に関心を持っていることを聞いたらしい。その人は子守りをしながら語り始めた。
「昔は鉄砲でガンを撃っていたのさ。ガンはずるくてね、なかなか射程距離（しゃていきょり）に入らないんだ。そこで子犬を使ったのさ。ソリのような台を作って猟銃を据え、まわりは草で見えないようにする。わしゃ中に腹ばいに隠れたんだが、黒犬の子を一匹紐で結んで連れて行ったのさ。ああ、袋に犬にやる菓子を持ってね」

老人は、腹ばいでソリを進める真似をしてみせた。

「沖合い一〇〇メートル位の所にガンが休む中島があってな、鉄砲の弾は届かない。そこへ犬を抱いてそろりそろりとソリを押し出して行くのさ。ガンは首を上げて警戒するわな」

彼は、膝の幼児をゆすった。

「そこで犬の子を放して見せるんだ。するとガンどもはガハン、ガハハンと鳴きだすんだ。猟師は犬に菓子を見せてひょいとほうるんだ。犬の子は尻尾を振って菓子を拾いに行く。食べたら戻ってくるな。今度は反対側に投げてやる」

彼はうれしそうに顎鬚(あごひげ)をしごいた。

「子犬がうろちょろして、ソリの陰に出たり入ったりするわな。するとガンどもはガガガ騒いで寄ってくる。そりゃ不思議なもんだよ。やつらは犬の子をキツネとでも思うんかな、ぞろぞろと近づいて来る。射程距離に入ったらズドンとやるのさ」

発砲するまねをして、まわりの老人たちは笑った。

日本でもカモ猟で、赤犬を使って同じようにしてカモを撃った話が残っている。

「昔は黒犬の子を大事にして、この猟をしたものだよ。うまくいくと一発でガンを七、八羽捕れるんだ。したが、排銃が出てきて黒犬の猟は終わったな」

大きな貨物船がジーゼルエンジンの音を重く響かせて通って行く。

「わしゃあ、もう年寄りで排銃はやらんかったが、息子が参加したな。吉牛山という砂の台地がありましょう。あそこの砂はガンカモや天鵝が大好きで、よく食べに来るよ」

鳥は砂嚢（さのう）という消化器官を持っていて、食物を咀嚼（そしゃく）するのに砂の助けを借りる。ニワトリでいえば砂ギモというのが砂嚢のことだ。砂嚢の砂は磨り減るために、鳥はときどき補給する。

「ガンとか天鵝はみなあの山の砂を好むんだね。吉牛山の砂は粗（あら）くて丁度いいんだな。あとの砂は細かすぎて泥みたいだからな」

猟師たちは、水鳥の生態を鳥学者のように知っている。

「それを狙って吉牛山に排銃を仕掛けたのさ。扇の開いた形に九本を砂山に向けたんだ。そこに息子はひとり隠れたさ。砂に穴を掘って目だけ出して待つんだ。三日三晩動かずに待っていると、とうとう小ガンの大群が降りてきた。ダイナマイトの導火線にスイッチを入れ、息子は九本の排銃を一度に発射したのさ。一〇〇〇羽ばかりの小ガンが捕れたよ。一ペンに」

これが一〇〇〇羽のガンを一度に捕獲した実話だった。

「だけど、息子は一度だけでやめてしまった。大猟はしたが、三日も動かずにいて体をすっかりこわしてしまったのさ。頭がふらふらするというんだな。回復するのにずいぶん時間がかかったよ」

老人はさばさばした顔になった。

「排銃が禁止になってよかったろう。冬の水を漕ぐことで、男たちの誰にも起きる神経痛が減ったからな。女たちはみんな喜んでいるのさ」

婚礼の宴

土曜日の晩、章所長がぶらりとやって来た。いつものことでタバコをくわえている。

「あなたを明日ね……」

「ン？……」

「……礼の宴に招きたいと言っていますが……どうしますか」

「な、な、なに、婚礼だって？」

「ふん、自然保護区の徐向栄君は、将来有望な若者ですが、日本人を見直したといってね、披露宴に来て欲しいんですと」

この所長は重大なことを、眠そうな目をしてぼそぼそと言う。

「花嫁は？」

「食堂でアルバイトしている、ほら、張開顔……という娘さ」

「うわーっ、出ます、出ますとも、喜んで！」

彼女はポーヤン湖の四季が育てた美しい娘さんだ！

章所長がいうには新郎の徐向栄君は、わたしの行動に深く共鳴して尊敬するという。若者の意識は未来へ向っている。

通訳の宋さんは、その間、南昌に帰らせてくれ、一泊して戻るという。わたしはうなずいた。通訳がいなくても宴会ならなんとかなる。

その日、呉城は快晴でポーヤン湖は若者たちを祝福するように輝いていた。

一一時頃、わたしは章所長に連れられて出かけた。自由市場の奥に広がるひなびた部落の一角に村人が六、七〇人集まって、門前には子どもたち、野次馬の中高校生の娘さんが大勢いる。庭の常緑のシラカシの樹の下のテーブルには五〇人ほどの椅子があり、そこ

新郎新婦

は友人たちの席らしく、もう座っている人がいる。

　新郎の家は古い木造の農家で、入り口の赤い紙に『囍』（喜び）の字が飾ってある。目出度い日の印だ。両側にも細長い「聯（れん）」が貼られて、新郎新婦が待っていた。花嫁の張開顔さんは黒いダブルの上着に金のボタンが両側に六つ、胸元は真っ赤なセーターで首に青縞のシャツ、細いズボンに赤い靴をはいている。

　ポーヤン湖保護区の昇竜（しょうりゅう）と期待される新郎の徐向栄君は、青い人民服の喉元のボタンをひとつ開けて、灰茶色のセーターをのぞかせている。ふたりの胸には揃いの赤い花飾り。髪にはそれぞれパーマをかけてなかなかにモダン。寄り添った熱々の写真を撮らせてもらった。

　すぐ、奥の居間に通されて、農民という徐さんの父親に挨拶した。

「ご結婚おめでとうございます」

　そこは両親の寝室らしく、壁に貼られた新聞紙はすすけている。ベッドのそばに四角いマージャン卓ほどのテーブルが三つ、そこは主賓の席で真ん中のテーブルは愛鳥模範の何緒広さん、章所長、仲人の羅さんの夫の陳さん、わたしは夜な夜な講義をする政府高官と並んで椅子につかせられた。隣のテーブルは親類の人達。みな湖と生きてきた、ゆうゆうたる風格の年寄だ。野外でかぶる帽子をかぶり、普段着か、少しよそゆきの人民服だ。

花嫁は酒豪！

仲人を立てた杯ごとはすでに終わったのか、なんの挨拶もなく、新郎と新婦が料理を運んできた。すると、一同の杯に度の強いバイチュウが満たされた。

「おめでとう、いつまでも幸福に、カンペイ、カンペーイ」

と声をあげて、みんな座ったままで乾杯した。

そこで、みないそいそと料理に箸を付け始めた。

日本の披露宴なら、ご馳走を前に長々と演説を聴かなければならない。呉城の披露宴はすばらしい。

肉料理の皿が並ぶ。肉は水牛らしく、軟らかくてくせがない。おいしいと身振りすると、

「保護区管理所のコック長の料理だよ」

章所長は相好をくずした。

休日なので保護区のコック長が披露宴に腕を振るっていた。二度、三度と乾杯が続く。村人は談笑しながら連れ立って杯を上げる。これは杜甫や李白の時代からの習慣なのか。

誰かの話しでどっと笑いが起きて、そのたびに乾杯する。通訳がいなくて話が通じないのは残念。みな日本人を指差してうなずきあう。わたしが帽子を取って頭を下げるとみんな笑い転げた。わたしは髪が薄い。恩讐(おんしゅう)を越えて村人は暖かい。

ご馳走を運んでいた花嫁さんは立ち止まり、ひょいと私の杯を指差した。客人たちが、わあっとはやしたてる。なんと、花嫁は誰かの杯を借りて、差しで私と乾杯しようという。

「やれやれっ、リーベンレン（日本人）、やれっ！」

私は立たせられ、杯を持って花嫁と向かい合い、強烈なバイチュウを干すことになった。目を白黒させて、ようやく干すのを尻目に、彼女は涼しい顔でさっと飲んでしまった。まわりの客は手を叩いて大笑いだ。

みんなは花嫁の後姿を差して親指を立て、酒ビンを指差している。徐君はダメダメと手を振る。花婿は酒が弱く、花嫁は周囲の男たちが認める、いける口なのだ。舌を焼く強烈なアルコールにへきえきしながら驚嘆した。

「ポーヤン湖の花嫁が、酒豪とは！」

庭先のテーブルでは新郎新婦の友人が大勢座って、どっと騒いでいる。

こちらへは徐君が白い大きな器を運んできた。中のスープに白い花模様が浮かんでいる。

「白鶴湯（バイフータン）だよ」

愛鳥模範の何さんがそれを指差して笑う。湯（タン）はスープだ。なるほど、器に浮かんだものはからワンタン風で白い鶴に見える。ひと口スプーンですくって声を上げた。これこそポーヤン湖を象徴する料理、極上のスープだ。

料理はあとからあとから運ばれて、テーブルの上は皿の上に皿がのるありさま、食べきれない。あとでコック長に聞くと、料理は二四品出したという。

宴会のいいところは四〇分か、歌もなく、祝辞もなく、お引き物もなく、客人たちは大いに飲み食い談笑し、満足して立ち始めた。花婿や父親の手を握り、厚く礼をして家を出ると、手伝いの女たちが大勢、軒下のテーブルでなごやかに宴会を開いていた。

夫婦情愛深く

夕方、通訳の宋さんは戻ってきた。妻子がいるのに、日本人を心配してとんぼ帰りをしたのだ。それが、いつもは真面目な宋さんがそわそわして、

「婚礼の夜は新婚夫婦の新居を、友人たちが襲うのが中国の習慣ですが……どう？」

「ええっ、それは行かなくちゃ！」

ふたりは野次馬になって、夕食も早々に自家発電の灯った徐君のアパートに出かけた。職員二〇人が入っている宿舎の一角で、ふたりは今夜からハネムーンである。アパートへ着くと、もう若い男女がうろうろしている。

二階の新婚夫婦の部屋はまばゆい光に包まれて、三ＤＬＫの立派なもの。居間には赤いソファがあって、壁に墨痕（ぼっこん）鮮やかな「月落ち烏（からす）鳴いて霜天に満つ」と唐詩を掛けている。新郎の向栄君が書いたという。なかなかの達筆。

反対側に白鶴の子のかわいい写真を飾っている。新婦の開顔さんはそれを指さして、うれしそうに微笑む。白鶴はふたりを結んでくれた守護神なのだ。

テーブルの器に西瓜の種を出し、新婦は客をもてなしていた。上着は白にピンクの水玉が散ったブラウスに着替えていた。これもかわいい。

隣の寝室はダブルベッドで、ピンクと緑の布団が畳まれてその上に枕がおいてある。脇に化粧台があって、衣装ダンスの上には新しいラジカセがある。そこに冷やかしの友人がぞろぞろと出入りしている。

ベッドの上にも向栄君の書がかかっている。宋さんに意味を問うと、

「ええっと……これは古文ですが……『夫婦情愛深く』……ですね」

宋さんは静かにうなずいた。

声もなく感動する。このようなモットーを、ベッドに掲げる新婚夫婦が世界中にいるだろうか。ふたりは、ポーヤン湖の自然と白鶴たちを守ってきっと幸せになる——。

この日、私はカメラを持った人をひとりも見ない。なんという素朴な人々。

夫の向栄君は、愛妻の張開顔さんを「シャオチャオ（張）」と呼ぶ。シャオは小さいで、張ちゃんというニュアンスだ。妻は夫を「シャンロン」と呼び捨て。そこでなりそめを聴くと徐君は照れてタバコに火をつけた。

「えーと、女の仲売（仲人）の羅さんから話があって……私も街でシャオチャオを見かけて知っていたよ。白いコートを着たところは白鶴みたいにかわいいし、ウハハハ、ホントだよ」

新妻は笑って横を向いた。

「ええ、憎くない想いでいたよ。それで、羅さんが章所長に口を利いて、シャオチャオはここの保護区管理所にアルバイトに来たわけ。ハイ、ドキドキしたよ、もう。章所長にも頭があがらないんだ」

章所長は気の利かない人物に見えて、粋(いき)なはからいをした。

「だけど、シャオチャオには断られるのが怖くて……ウハハハ、口がきけないんだ。それで羅さんには、ぼやぼやしていればよそに売れてしまうよ……いいのかい、と脅(おど)されて……ハイ、勤務が終わってから湖畔

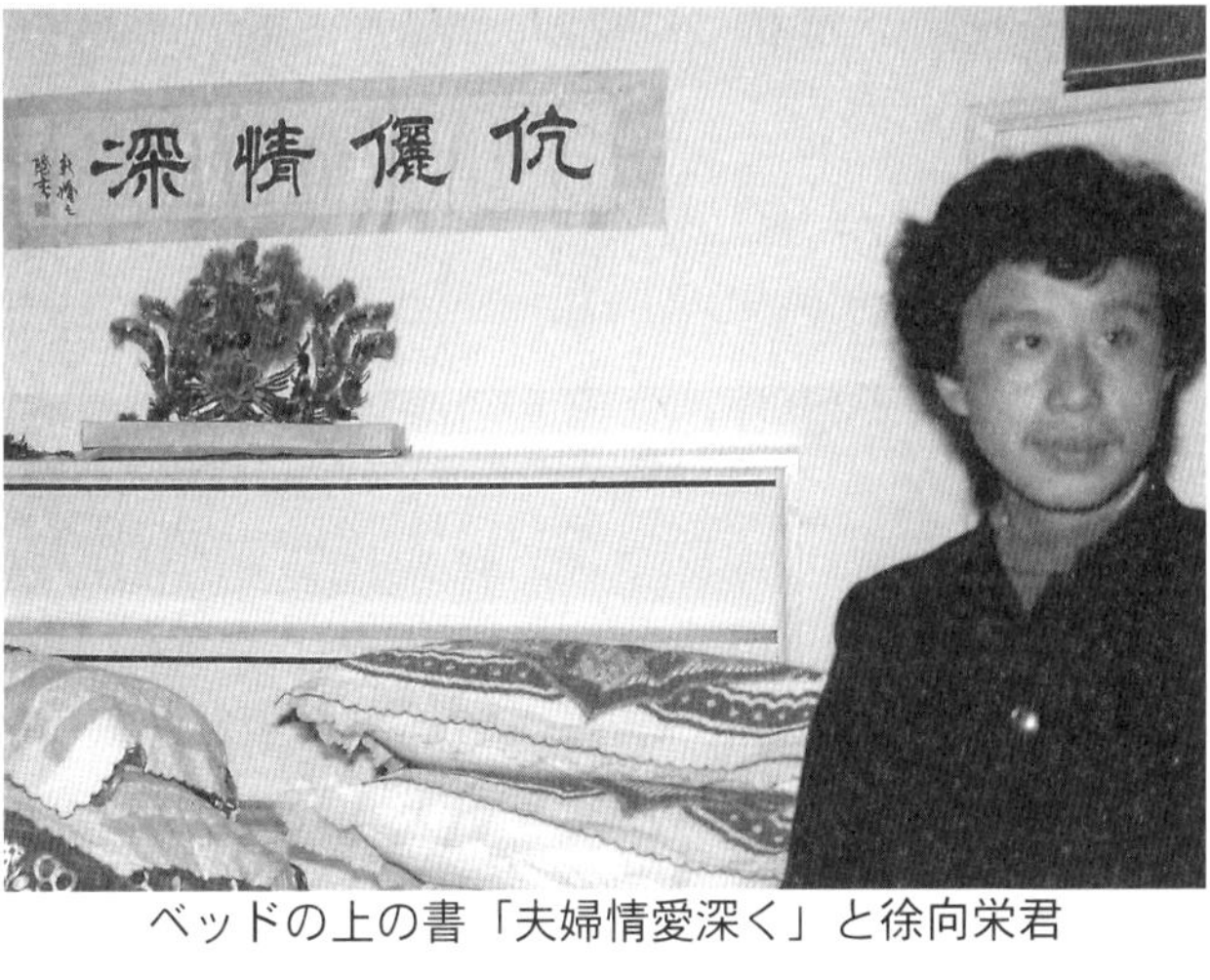

ベッドの上の書「夫婦情愛深く」と徐向栄君

に誘って申し込んだよ」

「それで……」

「ボクは女の子をナニしたことなんかなくて……それこそ命を捨てる覚悟だったね。チャオに断られたら、村も保護区も捨てて都会へ出るつもりだったのさ……ホントだよ」

「シャオチャオの返事は？」

新婦は素早く立ち上がり、裾（すそ）をひるがえして隣室に消えた。

「…………」

徐君はふくみ笑いで答えない。通訳の宋さんは懐の広いところを見せた。

「言葉なんて、いらなかったのさ、なあ」

可憐な白鶴は、夕焼けの湖畔で竜の胸に飛び込んだのだろう。

死神と希望

こうしてわたしは呉城に滞在し、ポーヤン湖の天国と地獄をかいま見た。若者の素朴で美しい恋まで見せてもらったのは――奇跡といっていい。

帰国の朝、湖は早春の色をたたえて微笑んでいた。

「先進国の都市が環境破壊で滅びても、ポーヤン湖の村はきっと残るな」

ここでは多くのものが農村の自給自足で足りている。大量生産、大量消費、大量廃棄という先進国につきものの文明病がない。発砲さえなければ、アジア最大級の水鳥の楽園がある。

一九七二年、世界各国の知識人で構成されたローマクラブは「成長の限界」を発表した。人口増加や経済成長を抑制しなければ、地球と人類は、環境汚染、食糧不足などで百年以内に破滅するという衝撃の警告だった。やがてその警告は地球の温暖化、オゾン層破壊などの証拠を次々に突きつけて、わたしの人生観を支配しはじめていた。

章斯敏所長は、私の手を握って放さない。

「またお客さんを連れて来てください」

「はい、海の向うで応援しましょう。しかし、排銃は許さないでね」

章所長は、目をしばたたいた。どこか自信がなさそうだ。

「イールーピンアン（一路平安）！」

「イールーピンアン（一路平安）！」

保護区や港のだれかれが私に温かい言葉をかける。日本への旅路の無事を祈るという意味だ。握手をしながら熱くなる。通訳の宋さんは語る。

「保護区じゃみんなひとりの日本人に参ったね、圧倒されたよ」

「いやあ、あれもこれも名通訳のお陰です」

宋小凡なしに、この滞在は成功しなかった。

わたしのポーヤン湖探訪は、思いがけない自分の生き方が問われる旅になっていた。

わたしは非力な作家だが、日本で書くことを思案（しあん）していた。

人は野生のものの死神であってはならない――そんなことばかりしていては、この水の惑星は破局を迎える。

書は章斯敏（ポーヤン湖管理所長）
呉城の街中にもこの句は掲げられている「春来りて鳥語り花香る」とは理想的な環境を意味する

第八章　日本軍の記憶

父の面影を探して

わたしは帰国してポーヤン湖探訪記を朝日新聞に書いた。すると、中山幸子さんという女性が便りをくれた。中山さんは都立高校の英語教師で、父の中山成雄さんは、戦争中、一兵卒として呉城に一年いたという。

なんという幸運、日本軍が呉城の人々にしたことの手がかりがつかめる！　中山幸子さんは「探父行」と名づけて、日中戦争に出征した父の足跡をたどっているという。

中山幸子さんは四七歳、小柄で歳よりずっと若く見える。生徒には「サッちゃん」と親しまれている。彼女は父を知らない。幸子さんの父は、幸子さんが一歳の誕生日を迎える直前に中国の漢口で戦病死した。幸子さんは父を失った戦争を胸に、戦争を知らない子どもたちに平和を教えている。

幸子さんは小学校に入る前に、黒い喪服（もふく）を着た母と祖母に連れられて香川県が主催する靖国神社参拝に行った。

「わあい、お父さんに抱っこしてもらう！」

と、はしゃいで上京した。しかし、靖国神社の大きな鳥居の門をくぐり、

「お父さんは、どこ？」

べそをかいて、母たちを困らせた。

父の中山成雄さんに赤紙がきたのは新婚四ヶ月目のこと。家具店を開いて、さあこれからという時だった。そのとき幸子さんの母は身ごもっていた。

成雄さんは仕方なく店を閉め、歓呼の声に送られて郷里の香川県の第三四師団第二一八連隊に陸軍一等兵として入営。第一一中隊第一水上輸卒（送）隊に配属されて一九三九年六月、香川県坂出を出港。皇軍の占領地の防衛に、上海から長江をのぼって二〇〇名の隊員とともに九江からジャンジャン川に入って八日目に呉城に上陸。そこは陥落して三ヶ月しかたっ

中山幸子さん

ていなかった。

呉城は亜熱帯の暑い盛りで、バナナの木にセミが止まってやかましく鳴いていた。村人は半分裸のような格好で、日本兵を見ても無表情だ。道端に座って欠けた茶碗を持ち、もの乞いする親子。爆撃で手足を失い、汚れた包帯(ほうたい)をしたあわれなものがいる。中山さんは悲惨なものには目をつむった。良心を麻痺(まひ)させなければ兵隊なぞできるものでない。

焼け残った呉城の街は、家ごとに日の丸の小旗をくりつけていた。白壁には「打倒、日本東洋鬼」「紅軍万歳」などの落書きはあったが、戦火はおさまって、裸足(はだし)の少年たちが、使ってくれと寄ってくる。日本軍は中から、気のきいたものを選んで小使いにした。

第一水上輸卒隊の宿舎は焼け残った倉庫で、兵たちは夜な夜な顔に手ぬぐいをかけて眠った。大きなネズミがたくさんいて、顔にさえ跳び上り、鼻や唇を齧(かじ)ったりするからだ。

中山一等兵は上海、九江経由で届くさまざまな軍需品、食糧や馬の飼料を船で前線部隊へ輸送する作業に明け暮れた。新兵たちは夕方、つかの間の休息に土手に腰を下ろした。彼らは赤い夕陽を眺めてはぼやいた。

「早うな、早う凱旋したいなあ、彼女が待つ古里へ。この戦争はいつ終わるんだ」

新兵たちは古兵にいじめられてばかりいた。

眼下の川では紐もつけない鵜飼の漁があって、村人がのんびり魚を獲っていた。川岸の草むらにはノロ鹿(キバノロ)が群れていて、時には川を泳いだりする。

呉城時代の戦友によると、中山成雄さんは苦力の少年をかわいがり、暴力を振るうようなことはなかったという。テノールのやわらかな声で、軍歌よりも童謡を好んで歌うやさしい兵隊だった。

呉城に四ヶ月いて、成雄さんは上等兵になり、事務能力を認められて司令部の庶務課に抜擢され、呉城から三〇〇キロ上流の漢口の部隊に移動させられた。漢口は長江の中流にあって南京につぐ大都市だ。大通りにはプラタナスとアカシアの並木があって美しい。日本の租界もあってさまざまな商売をする民間人が数千人いた。中山成雄さんはそこで翌年一〇月、高熱が出て漢口第一五兵站病院に入院。そのまま二七歳で帰らぬ人――となった。

伝染病の腸チフスに感染したという。成雄さんはわが子を一度も抱いていない。

母は二一歳で未亡人

幸子さんの母は、二一歳の若さで未亡人となった。

彼女は仕立物の手伝いや会社勤めで幸子さんを育てた。親子は夜はいつもひとつ布団で眠った。母の腕に抱かれて床の中でその日のできごとを語り合うのが、幸子さんにはなによりの楽しみだった。だが、母は乳ガンを患い、三九歳で他界した。後に高校二年の幸子さんがひとり残された。

幸子さんは母を亡くしたショックから声が出なくなった。あまりのことに失語症に見舞われたのだ。しかし、祖母は幸子さんの肩を抱いて何度も励ました。

「幸子や幸子、お前が元気になれば、母さんと父さんはね、天国で喜ぶんだよ……」

そこで幸子さんはやっとのことで立ち直った。父の弟にあたる叔父の援助で大学へ行き、イギリスに語学留学して都立高校の英語教師になった。

幸子さんの母は生前、幸子さんの父のことはなぜかほとんど語らなかった。

その日その日で精一杯だったし、四ヶ月しかなかった新婚生活は胸の中に深く秘めていた。だが成人した幸子さんは、無性に父のことが知りたくなった。父の中山成雄上等兵の最後は、簡単な「事実証明書」「履歴書」に発病年月日と死因があるだけだ。

幸子さんは母の実家を探して、土蔵の倉に残された母の古いタンスから父の軍事郵便の束を見つけた。開いて見ると、どれにも妻への思いがこめられていた。成雄さんはきまって末尾に「愛する妻へ」と結んでいた。見合い結婚だったが、必ず帰って来ると抱きしめた人を、シャンだったと恋していた。シャンとは美人のこと。

幸子さんは父への思いがあふれて、当時、漢口にいた戦友や従軍看護婦を探して父の面影を訊ねた。だが、時すでに遅く、中山成雄さんの最後を記憶している人はいない。

そこで幸子さんは、中国へ渡って父の従軍跡を尋ね歩いた。今は呉城の渡り鳥保護区にいる郭紅林（グォホンリン）さんは、はるばる川舟で訪ねて来た幸子さんを案内した。当時の呉城は未開放区で、街を訪ねることはたった一時間しか許されない。写真を撮ることも公安（警察）は禁じた。

彼女は仕方なくジャンジャン川のほとりに線香を立て、父が大好きだった「ふるさと」や「叱られて」のテープを流して父の霊（れい）を慰めた。洋々と流れる川のそばで幸子さんは父を追慕（ついぼ）し、母を思って頬をぬらした。見ていた郭さんは、ひとりの女性の真心に打たれた。

呉城の街を猛爆し、六年半も占領した日本軍を呉城の人は決して許さないだろう。しかし、幸子さんの父のように、国家の命令で従軍し、新妻と娘と引き裂かれた人もいた。中山幸子さんの「探父行」は中国の人の涙も誘った。

果てしないぬかるみ

日本兵は中山成雄さんのような人ばかりではない。

研究所の郭紅林さんは、子どものころから日本軍の侵攻を何度も聞いた。

アメリカ・イギリスは日本軍を侵略であると非難して、蒋介石の国民党軍を支援して武器弾薬をビルマからチベットを越え、四川省の重慶まで送った。国民党軍はさらにそれを船で漢口へ送り、漢口からは南昌経由で内陸各地の部隊へ運んだ。フランスも仏印ルートから中国を支援した。

日本軍は、これらのルートを絶つために江西省の省都南昌を占領しようとした。南昌は華中、江南の要衝で、愛鳥模範の何緒広さんの住む呉城はその最前線だった。そこへ阿南中将が指揮する一〇一師団の第一一軍が侵攻した。

中国の国民党軍五四個師団はポーヤン湖から洞庭湖に至る江南一帯に布陣した。郭さんと愛鳥模範の何緒広さんによると、呉城の部隊はポーヤン湖からの水路に接触すれば爆発する機雷を敷設し、流れにさまざまな障害物をおいて日本の艦船を防ごうとした。

このとき和歌山県出身の田岡則夫さんは、歩兵部隊の軍曹で最前線にいた。

「わしらはポーヤン湖の北端を攻撃して、中国軍の精鋭にチェコ機関銃の猛烈な迎撃を受けたんです。中国にも強い部隊がいますからな。こちらは三〇名の部隊が、あれとこれ、わしのたった三名残るという負け戦となりました。わしゃ、蓮池（はすいけ）の大きな葉っぱの下に潜（ひそ）んでね、鼻だけ水から出して、本隊の救援（きゅうえん）でようやく助かったんです。危うく靖国神社（やすくにじんじゃ）へ行きましたよ」

田岡さんは故郷では機関士の見習いだったが、いまでもその時の夢でうなされる。

「助かったんだけど、敵前を勝手に離れた疑いをかけられてね……、オイ軍曹、なぜ突撃しなかった……と責められて往生しましたよ。隊長に退避（たいひ）……、つまり隠れろ！という号令で蓮池に逃げ込んだんです。そこから突撃の命令なんて聴こえなかったわ」

突撃命令に従わない者は、日本軍では問答無用の――銃殺だった。

「あたりは中国兵の声ばかりでね、動けるもんですか。見つかったら即、死ですよ。わしゃ故郷は紀ノ川の田舎でね、蓮の下に隠れて、少年の頃を思い出していましたわ。紀ノ川の清流に潜って一日中アユ捕りをしたことをね。まあ、わしは……弱兵というんでしょうな」

田岡さんは両手を合わせて、太い吐息とともに祈りにした。

「大きなアユを捕って帰れば、おばあ（祖母）がエライ、エライと喜んだわ。焼いて夕食のお皿にのせたらアユは最高ですからな。それで、なんとかして生きて帰りたい、もう一度おばあを喜ばせたいと、故郷の八幡様を思い浮かべて必死に祈りましたよ。わたしゃ母を早うに亡くして、おばあに抱いて育てられましたからな」

「大変でしたね」

「あんたさん、大変なんてものじゃないですよ。赤紙一枚で召集されて……そうです。あの隊長はとんでもない攻撃をしかけて、名誉の戦死をしたんですよ。気の毒に」

田岡軍曹ら三名は厳しい憲兵の軍法会議をかろうじてのがれた。

日本政府は不拡大といいながら、ずるずると戦線を広げる。南昌攻略戦に戦車も大砲も出してきた。しかし、道は降り続く雨で果てしないぬかるみとなった。膝まで没する泥濘は日本兵を苦しめた。足は水ぶくれになって豆がつぶれる。一度靴を脱いだら足はもう入らない。落伍するものがあいついだ。弱い軍馬は水溜りにはまって死ぬ。馬は少しでも耳に水が入ったら助からない。

兵たちは小休止の号令があれば、どんなにぬれた所にでも腰を下ろした。三八式歩兵銃と弾薬など三〇キロ余りを背負って、休まなければ歩けなくなる。田岡則夫さんはつぶやく。

「兵隊の下半身は汚泥にまみれて乾く暇（いとま）がない。一日中、失禁したように濡れたまま。尻から太腿は真っ赤にただれて……おできができる。ハエや蚊はわんさとたかってマラリアは発生する。特効薬は品切れ、赤痢から腸チフスは流行るしね、地獄でしたな」

一方、郭紅林さんは敗れたことをつらそうに語る。

「中国兵は勇敢に戦ったんですが、日本の軍艦は高速でしょう。こちらにはポンポン蒸気船や帆掛け舟しかありません。我が方は負けに負けて……負けました」

一九三九年三月二三日、日本軍は燃える呉城に突入し、砲撃で半壊した望湖亭の前で万歳三唱した。逃げまどう女たちは日本兵を怖れて顔に墨（すみ）をぬり、一〇歳の少女まで親にブタの糞尿（ふんにょう）を頭からかぶせられた。南京落城で、女たちがどんな目にあったか聴いていたからだ。汚物にまみれた女の子たちは、口と鼻をおさえて「ヤダ、ヤダヨーッ！」と泣きわめいた。

保護区の研究員、郭紅林さん

血を見るのが好き

続いて三月二七日、一〇一師団の日本軍は破竹（はちく）の勢いで南昌を攻略した。

激しい抵抗にあって戦死した日本兵は八〇〇。敗走した中国軍の遺体は日本軍が二万八九二三数えたという。

一方、ポーヤン湖畔の呉城鎮を占領した田岡軍曹らの部隊は、港の倉庫を接収して駐屯（ちゅうとん）した。

「呉城の中心街は焼けましたけど、占領して半年もすると、繁華街から先に復興しましたよ。暮らしてみれば平和なところでね、敵襲は一度もなかったんですぜ。あそこには京劇が小屋をかけたし、道路で大道芸をする者もいましたよ。日本人や朝鮮人の商人が舟でやって来て牛を買ったりね。まあ、遊ぶところはあるし保養地みたいな所でしたな」

そんな中国戦線があったとは信じられない。

日本軍は呉城鎮の近く大都市の南昌に数万の兵を駐屯（ちゅうとん）させた。そこには飛行場から病院、従軍慰安婦のいる慰安所もあった。しかし、南昌には便衣隊（べんいたい）が出没した。便衣隊というのは民間人のなりをしたゲリラのことで、すきを見て襲ってくる。そこで日本軍は南昌で捕えたゲリラくさい者を五人、一〇人と呉城へ送ってきた。

「呉城の部隊長の勝山大尉ちゅうのがあんた、血を見るのが好きでね」

元軍曹は般若(はんにゃ)の面のように乱杭歯(らんぐいば)をむいた。

「捕虜の首をね……あの」

「…………」

「日本刀ではねて見せたり……、新兵に捕虜を始末させたんだわ。後ろ手に縛ったものを立たせて、許してくれと泣きわめくのを銃剣で……。入隊したばかりの新兵は、ぶるぶる震えて、よう突けん」

呉城の日本兵、部隊長たち(氏名不詳)
ポーヤン湖保護区管理所に残っていたもの

田岡軍曹は両手を震わせてみせた。

「昨日までは民間人だったから無理もないのさ。それに古兵（こへい）が気合を掛けてね。わしゃ、検問が専門だから、捕虜の始末はようせんかったが……新兵も回数を重ねると顔色も変えんようになる」

捕虜の死体は、そこらの草むらに捨てて苦力に埋めさせた。

「そんなことはしたが、ふむ、駐屯部隊は呉城の住民とは仲良しだったんだわ」

そこで郭紅林さんに確かめると、郭さんはそっぽをむいた。

「仲良しだったなんて……、ご冗談を」

すべてはご無理ごもっとも、日本兵のいうままにしなければ絶対に生きられない。

泥沼にはまった

田岡軍曹の部隊は五〇人ほどの小隊で、炊事係りに中国人の男を三人ほど使っていた。

ひとりは小さな帆舟で運送業をしていた趙（チャオ）さん。運送業といっても風まかせで、商店の荷物を運んで賃銭をもらい、妻と幼い子ども二人の四人家族を養っていた。戦火で大事な帆舟をこわされ、仕方なく日本軍の炊事係になった。月給はスズメの涙で、趙さんの四人家族は、兵隊の残飯でようやく生きのびた。

日本兵はだれもが少年の苦力を一人ずつ小使にした。苦力は掃除から洗濯、身の回りのことを何でもする。苦力の報酬（ほうしゅう）は残飯を食べさせるだけだ。

しかし、大陸の奥地にはろくな道路もない。日本軍の前線は奥へ奥へと進むが、その占領地は点と線で、果てしない周辺は敵地といっていい。東京の大本営がどんなに現地部隊をあおっても、出没する中国兵をなくすことはできない。

一方、復興した呉城には大地主や金持ちがいて、協友会をつくっていた。日本軍に協力してうまい汁を吸う。彼らは明水飯店、紅夢飯店などという料理屋を経営して酒を飲ませた。日本兵たちは刹那的（せつなてき）な快楽を求めてそこへ通った。

「飲むのも食うのも、生きているうちだからな」

明日にも激戦地へ出撃命令が出るかもしれないのだ。

そこにはきわどく裾が割れた中国服の姑娘がたくさんいた。彼女らは、「軍隊のシーさん、ライライ（軍隊の先生、いらっしゃい）」

流し目で誘った。ランプのついた飯店の奥には二畳ほどの小部屋がずらりと並んでいた。兵たちは、気に入った姑娘を見つけると小部屋に消えた。

煙館というアヘン窟も一軒あった。のぞいてみるとベッドがたくさんあって、長い煙管をくわえて横になっているものがいた。部屋にただよう煙はタバコとは違う。脳髄をしびれさせるもので、衛生兵はけっして吸うなと注意した。アヘンは麻薬で、その吸引は亡国の悪習であると蒋介石は禁止令を出していた。だが、日本の占領軍は放置したままだ。

胡弓の音

田岡軍曹は行き交う舟の検問が任務だった。荷物の下に武器弾薬を積んでいないか、

ゲリラの兵士なぞを隠していないかを調べる。船頭は、

「日本のシーさん（先生）、今日は何が欲しい？」

検問を軽く済ませてもらうために愛想笑いをした。そこで積荷の中から欲しいものをもらった。米、小麦粉、ビーフン、野菜、西瓜、魚、塩、砂糖など、なんでもただだ。

それを苦力に運ばせて軍の倉庫に積んでおく。そこへ親しくなった飯店の姑娘が二人、三人ともらいに来た。田岡軍曹は気前よく分けてやり、声をかけた。

「オイ、今晩行くからな、待ってろ」

街には夕方から、目の不自由な女が引く胡弓の音が嫋々と流れる。

「胡弓の音は、哀愁を帯びているでしょう。戦地で聴いたら……たまらんですよ、女がむせび泣くようでね」

暗くなるころ、その姑娘の店へ遊びに行った。没収した積荷でただで遊ぶ。気楽なものだ。

田岡軍曹は古兵で、飯店のテーブルでたらふく飲んだり食べたりした。ここの大きな水鳥の丸焼きはハクチョウやサカツラガンだったろう、北京ダックよりずっとうまい。

食べ飽きると姑娘と蓄音機をかけてダンスをし、徹夜で麻雀をしたりした。隊長の勝山中尉は、新兵には厳しいが古兵には何もいわない。六、七人いる古兵の機嫌を損じたら、指揮がとれないことをよく知っている。

川沿いの大倉庫が軍の宿舎で、窓側の八畳ほどの部屋が隊長室で年中蚊帳を釣っていた。呉城の夏は草木もしおれる暑さ、脂ぎった部隊長は苦力の少年に足腰をもませ、大きな団扇で風を送らせて昼寝をした。夕方、日が沈んでいくらか涼しくなると隊長は起きあがり、シャワーを浴びて髭をそり、大きな六連発のピストルを腰に馬に乗って当番兵に声をかけた。肩をもんでいた少年がお供だ。

「ほな、ちょっと村の巡回をして来るで」

「ハッ、ご苦労さまであります」

星ひとつ、二等兵の当番は敬礼した。

勝山部隊長は、飯店の女なぞ買わない。協友会の口利きで、いうままになる姑娘を二人、街裏の民家に囲っていた。姑娘たちは母親なのか年配の女性と暮らしている。姑娘というのは独身の若い女のことだ。年上の方は呉城でも評判の美人。

苦力の少年は夏は蚊に刺されながら、冬は寒さにふるえながら隊長の終わるのを外で待った。道端の草を食う隊長の愛馬の番をしてだ。部隊長はあくびをしながら朝帰りすることもある。

郭紅林さんは語る。

「呉城には慰安所はなかったんですが、酒色に溺れる日本兵はいくらでもいたんですな」

国家にだまされて

一九四五年八月六日、呉城の通信隊は広島に新型爆弾が落とされたことを傍受した。

広島が一発で壊滅したという。九日、ソ連の大部隊が国境を破って満州へ突入した。

しかし、勝山部隊長は椅子にふんぞりかえり、股（また）の間に立てたサーベルをガチャつかせてうそぶいた。

「なあに日本は負けるもんか。見ていろ、いざとなれば神風が吹く！」

しかし、一五日には天皇の玉音放送があり、東京の大本営から命じられた。

「蔣介石の国民党政府軍に……降伏せよ」

呉城の部隊はあわてふためいた。天空を仰いだが風なんてそよともない。

すると、街では日の丸の旗を捨て、どこにしまっていたのか家ごとに青天白日旗を高々と掲げた。それまでは日本兵に見つかったらただではすまない中国国旗である。

南京にいた中国派遣軍総司令官岡村寧次大将は降伏を承服せず、陸軍大臣にあて打電する。

「全軍、玉砕（ぎょくさい）を賭（と）して戦う！」

呉城の田岡軍曹は泣き笑いを浮かべた。

「負けるなんて夢にも思わなかったんですぜ。蒋介石をシナチャンコロと馬鹿にして、勝ってるつもりでいたんですから」

しかし、すでに長江流域の制空権は失っていた。米軍戦闘機の機銃掃射で日本軍のトラックや兵はしばしば甚大な被害をこうむり、重慶の爆撃はできなくなっていた。だが、日本軍の中枢は劣勢をひた隠しにした。硫黄島とサイパンが落ち、沖縄の守備隊も全滅して日本本土は米軍に空襲されるがままになっていた。

それなのに指令部は、中国大陸を北から南へ二四〇〇キロも縦貫する作戦を中止しなかった。大陸打通大作戦という。大本営の参謀たちはそこが果てしない悪路で食糧もなく、出征する兵たちが草むす屍となることはわかっていたはずだ。

「結局、大きな声じゃいえないけど……」

と田岡軍曹は声を落した。

「わしらは国家のエライさんにだまされていたんですな。暴支膺懲（ぼうしようちょう）は、帝国陸軍のスローガンでしょう。乱暴な支那（しな・中国のこと）を懲らしめるといって、海を渡って中国奥地まで攻め込んだんですな。どっちが乱暴か、子どもでもわかることですな」

田岡さんは目玉をむいた。

「皇軍なんだ、八紘一宇の聖戦だなんて……残虐の限りを尽くしてですな、大東亜共栄圏をつくって東洋平和に尽くすんだ、命は鴻毛より軽い、靖国神社に祀られるのは……この上ない名誉だなんて、だますにもほどがある」

「…………」

「あげくの果てに、負けているのに勝ってるだなんて……犯罪ですよ」

南京の総司令官岡村大将は東京の大本営から伝達を受けた。

「天皇陛下の勅命である。全軍降伏せよ。国民党軍の指示に従うべし」

陛下の命令とあれば仕方ない。岡村大将は全軍に指令を発した。

「忍びがたきを忍び、一兵に至るまで一切の戦闘を……即時中止せよ」

そこで呉城の勝山部隊は烏合の衆となった。いじめられていた新兵たちは、意地悪だった古兵をひとりずつ呼び出しては復讐した。殴られて片目を失ったもの、鼓膜を破られた古兵もいる。田岡則夫さんは無事だった。部下をいじめなかったからだ。

逃亡した部隊長

呉城の部隊長で威張りくさっていた勝山大尉は、協友会の汪（ワン）という人からささやかれた。

「……村の男たちがね、秘かに誓ってますぜ……日本兵に絶対復讐すると」

武装解除と同時に残虐だった将兵を引っ張り出して処刑（しょけい）するという。勝山大尉は蒼白になった。

「汪さん、わしゃ命令に従っただけや。なんにも、なんにも悪くない。悪いのは陸軍大臣、大本営と参謀などの上官だろう。郷里には年老いた母と妻子が待っている。ここはどうしても脱出しなきゃならん。汪さん、汪大人よ！　銭は、た、たくさん出します」

昨日まで横柄(おうへい)だった指揮官は、いきなり地面に両手をついて泣き声をあげた。

「助けてください、汪大人、こ、この通りだわ」

勝山部隊長は、汪さんに大人なんて敬語を使って、いくら出したのだろう。

彼は軍服を脱ぎ、汪さんからひそかにもらった民間人の服に着がえた。八の字に立てた口髭を落とし軍人の魂だと大事にしていた日本刀をどぶ川に捨て、黒鹿毛(くろかげ)の愛馬も捨てた。小型の拳銃だけを股間に隠して、協友会の汪さんについてもらい夜明けに出る小舟で、五時間かかって九江へ出た。そこに長江をくだる便船が漢口からやってきた。

便船は漢口から帰国する日本の民間人で満員だったが、勝山大尉は乗船していた顔見知りの下士官を拝み倒してこれに乗った。下士官らも部隊からの逃亡者だった。彼らは悪運強く上海に着き、大勢の民間人にまぎれて日本へ帰国した。

九月五日、ジャンジャン川下流の九江にいた日本軍第一一師団長笠原幸雄中将らは、部隊の象徴の大切な軍旗を秘かに燃やした。ラッパの吹奏も捧げつつもなくだ。そこで今の九江第二中学校で中国国民党軍新三軍楊宏光軍長らに投降した。

南京では九月九日、現南京軍区大礼堂で国民党陸軍総指令何応欽上将、海軍上将陳詔寛、空軍上将張廷孟ら五人の前に日本軍は中国派遣軍総司令官岡村寧次大将、参謀長小林浅三郎中将、副参謀長今井武夫少将ら七人が並び、投降書に署名捺印した。何総司令は蒋介石の片腕といわれた将軍だが、日本軍降伏の式典が無事終了したことを高らかに宣言した。

「これは八年におよぶ抗日戦の艱苦奮闘（こんくふんとう）の結果であり、この勝利はーー中国の歴史上最も意義あるものだ！　これから東南アジアと世

国民党陸軍総司令に投降する日本軍岡村寧次大将（右）
南京の友、薛小敏さんから。

界人類の平和と繁栄に向けて新世紀が始まる」

参列した中国と米軍幹部たちは固く抱き合って歓喜にむせんだ。

一四日には南昌の八一大通りの前進基地で日本陸軍の指揮官ら一一名が一列に立ち、中国国民軍第五八軍魯道源軍長の前で投降書に署名した。

漢口では九月一八日午後三時、中山公園の受降堂で降伏の儀式があった。日本軍基地は敗戦間近に受けたB29の爆撃で大火災を起こし、その火はまだくすぶっていた。だが、中国側第六戦区孫蔚如司令と湖北省及び武漢市受降官八八名が講堂の周りを取り巻き、日本軍第六方面軍司令官岡部直三郎大将、参謀長中山少将、岡田大佐、清水大佐の四人が席につき、うつろな目をして投降証書を提出した。

続いて日本軍の指揮官らは、降伏のしるしにそれぞれ腰の軍刀を外(はず)して中国側に渡した。配下の部隊で投降したのは五万三九〇〇名、うち傷病兵は七〇〇〇名。銃一六万九〇〇〇丁、火砲八八四門と軍事物資を提出。民間居留民は一万三七〇〇名もいた。

中国側は武昌、武漢、黄波に日本兵管理所を設立して日本軍捕虜を収容。湖北省で投降した二二三万三三三五名は翌年四月から六月一五日までに日本へ送還された。

恨みをはらすのに徳をもって

当然、日本兵に復讐を叫ぶ民衆がいた。しかし、蒋介石総統は「以徳報恨」という名高い布告を出す。「恨みをはらすのに徳をもってする」という意味で、多くの日本兵は赤面した。そのせいか呉城の人々は、日本兵に暴行することは少なかったらしい。戦犯として捕まったものを除き、国民党軍も八路軍もきわめて人道的な扱いをして、五〇万を超す日本兵を帰国させた。

スターリンのソ連は、わずか一週間戦争を仕掛けただけで六〇万もの日本兵を、帰国だとあざむいてシベリヤへ運び、捕虜として何年も酷使（こくし）した。それに比べ信じられない寛大さだ。

しかし、田岡元軍曹の怒りはいまも胸底にこもっている。

「残虐なことを命じた上官や、実行した奴ほどはやく逃げたんです。部下を信用せずに、部下が知らんうちに帰国してしまったんですから。わしらはそれから一年近く、捕虜収容所に入れられて堤防の修理とかクリークのどぶ浚い(さら)などをさせられ、苦労の末に帰国しましたよ」

軍律厳しい日本軍で、逃亡した指揮官がいたなんて信じられない。

それから五〇年も経って中国への旅が自由になり、呉城が解放区になってからだ。元軍人の日本人が二人三人と呉城を訪ねて来た。中のひとりは八〇歳とかで、シルクの洒落たシャツを着て昔の馴染(なじ)みの女性二人を探していた。

「会いたいんですわ。長生きの薬とか長崎名物のカステラとかね、日本のお土産をたくさん持ってきましたよ。プレゼントしたいんですわ」

日本の敗戦で呉城を去るとき、互いに泣いて別れたという。

保護区管理所の郭さんは街中を探して、一人は亡くなり、一人が元気なことを突き止めた。その姑娘は髪は白くなり、背中を丸めたお婆さんになっていた。郭さんは人払いをして、日本の元軍人がはるばる会いに来ましたぜ、と告げた。

「ええっ日本の兵隊が来たって？　何のために？　今更なんだっつうの……あたしゃ結婚して息子を持ったし……」

その人は、突然険しい顔になり、

「呉城鎮を占領した日本の軍人なんぞ、だれが、だれが会いたいって！」

足元のバケツの水をジャーッとまいた。

背の高い郭紅林さんは淡々と語る。

「元日本兵にはさまざまな人がいます。こんな人も戦争の犠牲者でしょうか」

第九章　村人との交歓

学ちゃん

日本へ帰国して披露(ひろう)したポーヤン湖への日中友好の旅の話はみんなをひきつけた。ソデグロヅルを見たい人、大陸の農村を見たい人、学校を見たい先生、ポーヤン湖の花嫁に会いたいという人もいる。そこで岩手と岐阜を中心に一五人が集まって三回目のツアーをすることになった。わたしは団長にされたが、ポーヤン湖はわたしの宿題だった。水鳥の受難と、愛すべき村人をアジアの動物記として書き残したい。

一九八八年、ポーヤン湖は国家級自然保護区となった。

わたしは大阪の川西洪文さん夫妻に、ポーヤン湖の人々になにか伝言はないかと便りを出した。すると、二人はよちよち歩きの子どもを連れて参加するという。わたしは感激した。幼な児を連れて行くとはすばらしい。若さ一杯の夫婦だ。

そこで川西さんの愛児をマスコットに到着してみると、呉城では香港からの賞鳥会の二〇名ばかりのツアーが帰るところだった。南昌の学生のグループも宿泊して賑わっていた。保護区が観光と環境教育の場となるのは、応援団としてもうれしい。

丘の上には、かつて日本軍に破壊された望湖亭が新しくなっていた。三階建ての堂々たる展望台で、中国風の反り返った屋根がまぶしい。

その下の自然保護区は、三回目の日本人ツアーを大喜びで迎えた。

章斯敏所長の太った太太（夫人）も出てきて「アイヤィヤ！」と寿美子さんの愛児にさわる。川西さん夫妻は、色白の可愛い息子に「学（まなぶ）」と名づけていた。章所長は川西洪文さんの手を両手で握って笑った。

「こりゃめでたい！　中国で子どもができたのは黒犬を食べたからだよ！　犬の肉は精がつくというのが中国じゃ、常識なんだよ！」

川西さん一家訪問のニュースは、ポーヤン湖の村にパッとひろがった。

離乳食は食堂のお粥で学ちゃんは喜んで食

新しくなった望湖亭「三宅武さん写真」

べた。お父さんは背負子に愛児を入れ、お母さんはあとを追って歩く。呉城の街の人気者となった。

その日、大湖池のほとりで頭上を飛ぶ五〇羽ほどのソデグロヅルにあった。

クロークロークロー、コローコローコロロォ

と可憐な声で鳴きながら、学ちゃん一家を歓迎するように旋回する。

北海道のタンチョウは直線的に重々しく飛ぶが、ソデグロヅルはゆるやかに、舞いを舞うように飛ぶ。純白の羽根に漆黒(しっこく)の風切羽根が美しく、うす紅色の足が花を添(そ)える。

「もしかして、奇跡のツルは人を信頼し始めたんじゃない

第3回ツアーの仕掛け人
沢島武徳(左)、遠藤公男と章所長(中央)

か！」

シャッターを切るのを忘れて見とれた。

一望千里の湖畔で大休止すると、学ちゃん一家は草むらに腰を下ろし、おむつを換え、お母さんは魔法瓶（まほうびん）に入れてきたお粥を学ちゃんに食べさせた。中洲には水牛が群れて、村人は背の高いヨシの刈り取りをしながら学ちゃんの一行を笑顔で眺めた。

村の子どもたち

自由時間にわたしは四人の仲間たちと今度は小学校を訪ねた。

職員室に入って先生方に挨拶していると、大

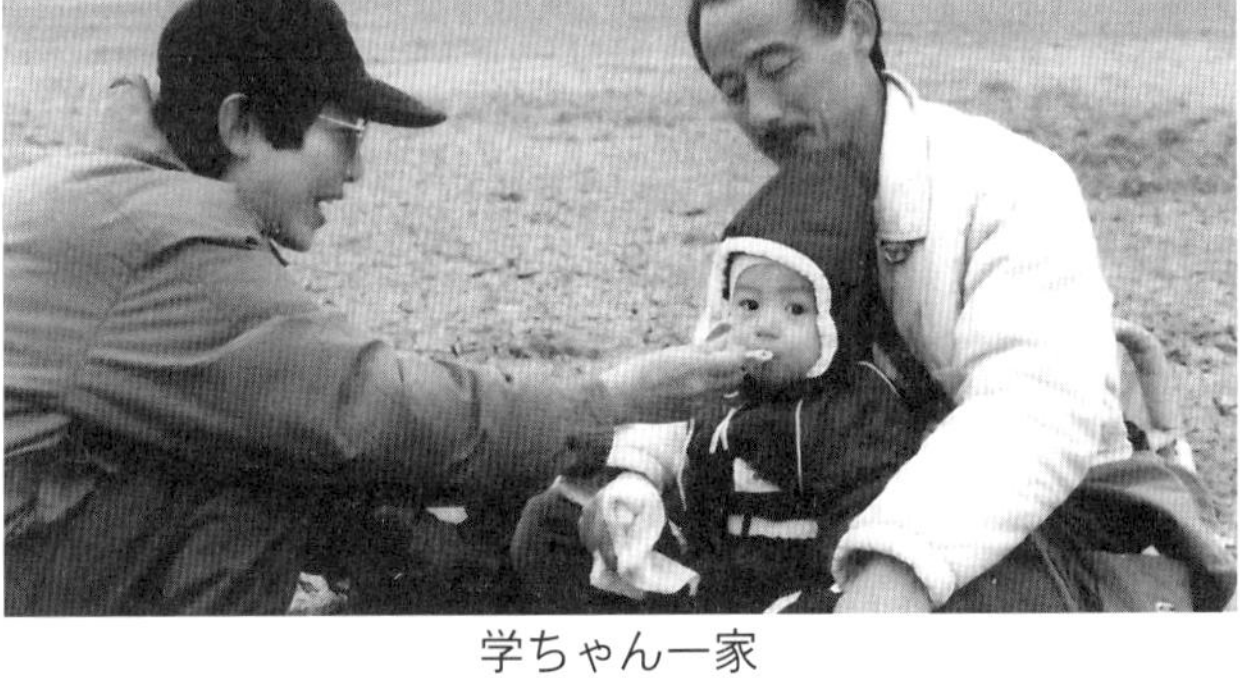

学ちゃん一家

職員室は勢の子どもたちが押し寄せた。好奇心一杯で日本人を見たくて仕方がない。職員室は身動きもできない満員になった。二〇人ほどいる先生方は、邪魔になる子どもたちを追い出そうともしない。

葉（イエ）という中年の女教師がやさしい笑顔で筆（ふで）と硯（すずり）を出し、一筆記念に書いて欲しいという。青森の成田徹さんが「自然を大切に」と書くと、葉先生は首を傾げた。「自然」の意味がわからない。あいにく通訳はいない。私がネイチャーと英語で言ってみたら一層わからない。

そこで「環境」「白鶴のすむ美しい環境」と書くと、ようやく葉先生は、

「学校でも『野生動物を守るのは人間の責任』と教えていますよ」

うれしそうにうなずいた。

岐阜の小学校の若い大塚之稔先生は童顔で、笑顔に平和なオーラをたたえている。たちまち子どもたちのアイドルになり、校庭を鬼ごっこで走りまわった。

「いいなあ、これこそ日中永遠の友好だよね」

誰も彼も目を細くして、子どもたちと遊ぶ大塚先生を眺めた。

菅原義彦さんは六〇代のエッセイストだが、街を見物するうちに一四、五歳のかわいい少女に出会った。少女は人の輪の中でしばらく日本人を眺めていたが、不思議な笑顔で菅原さんら二人をどこかへ連れて行こうとした。

菅原さんも無警戒に少女について行くと、とある民家に案内された。すると両親がいて、突然の日本人に驚いたふうもなく、笑顔で菅原さんらを居間に招き入れた。シンプルな部屋のただずまいを眺めていると、

大塚之稔さん、福井強志さんと子どもたち「大塚さん写真」

母親はアヒルの卵スープを作って、菅原さんをもてなした。

人なつこい娘さんで、その母親の振る舞いもやさしかった。

菅原さんは日本軍が中国に攻め入った頃は小学生で、学校で兵隊さんへ送る慰問文を何度も書かされた。なんにも知らずに、

「兵隊さん、支那兵（中国兵）を一人残らずやっつけてください」

受け持ちの女の先生がそう書くように教えていた。

「呉城の人には知られたくない。わたしの秘密です」

菅原義彦さんは目をしばたいた。

お客さんを招いて

最初の晩、保護区管理所の章斯敏所長、劉運珍副所長、愛鳥模範の何緒広さんを夕食に招いた。団長のわたしはポーヤン湖の国家級自然保護区の誕生を祝い、保護区管理所へ東京の土屋昌二さん提供のプロミナー（望遠鏡）と三脚を贈った。

「前回ここを訪問した土屋さんは、中国びいきになり、中国人留学生を下宿させていますよ」

と伝えるとお客さんたちは拍手して喜んだ。

日本野鳥の会本部からは鳥の図鑑三冊。岐阜の沢島武徳さん、岩手の島香正さんが持参した大判のカレンダーはお客さん方に喜ばれた。富士山や桜、和服の美人の図柄で二人は印刷屋さんだ。ポーヤン湖の小さな巨人の何緒広さんは笑顔だった。

「団長さん、望湖亭が再建されましたよ。

菅原義彦さんと招待した娘さん

日本軍に破壊されて、あの残骸（ざんがい）はみんなの心を痛めていたんです。呉城の人々も早く修復したい気持ちで一杯でした。その願いに答えて、呉城鎮、永修県、九江市の三つの町は共同出資して立派に建て直しましたよ」

「それはそれは……」

章斯敏所長も元気で排銃の再開は抑えられていて、わたしは胸をなでおろした。

次の晩は元狩猟隊長の藩大龍（パンダーロン）さん、副隊長の劉興礼（リュウシンリ）さんを招いて紹介した。

「劉（リュウ）さんは湖南省に布陣した元人民解放軍新四軍の副隊長……大胆不敵に戦った勇士として呉城鎮では名士です」

すると、日本人の一行はどよめいた。

「団長さん、こんな有意義（ゆういぎ）なパーティは初めてだ、ありがとう！」

「いつか日本軍のしたことを中国の人たちに詫びたいと思っていたんだ、本当にいい機会を与えてくれました」

劉興礼さんの手を握って涙ぐむ人もいる。

元新四軍副隊長の劉さんはうなずき、大人の風格で微笑んでいる。

わたしは劉さんの隣に座った。乾杯の後、大きな深鉢にスープが出た。すると劉さんがうれしそうに指さした。

「ガチョウのスープだわ。これは大ガンの味にそっくりだよ。団長さんに食べさせたくて特別に頼んだわ」

おっと、目の色を変えた。大ガンとはサカツラガンのことだ。ガチョウはそもそもサカツラガンを飼育、改良して家禽にしたものという。八方からスプーンが出て小鉢にとる。くせのないすばらしい味だ。

ふと、みんなが笑いを噛み殺しているのに気がついた。見ると大きなスープ皿の真ん中に、鳥の片足が沈んでいる。黒い大きな水かきがついたままだ。日本人は水鳥や

パーティの呉城の夫婦と島香正さん（左）

ニワトリの足は食べない。まして水かきなど。それを除けてこわごわスープだけをよそる。ガチョウの水かきは次第に姿を現した。さすがにぞっとする。

テレビで見る中国要人の宴会は互いにおいしいものを箸ですすめ合う。そこで劉さんは、その足を箸ではさむと、なんとわたしの皿によそってくれた。黒い水かきのついたままだ。しまった！　と思っていると、通訳の宋さんがうながした。

「最高の好意ですよ。団長、食べなさい。ここが一番うまいと言っています」

仕方なく黒い水かきにかぶりついた。ぬかぬかした軟らかい歯ごたえ。むむっ、と目をつむって酒で流す。黒豚と一緒に道端でよちよちしていたガチョウさんが浮かんだ。水かきには穴がひとつ開いている。

しかし、すすめたものを食べないでは客人が気分を害するだろう。死に物狂いで黒い大きな水かきと格闘（かくとう）した。劉さんはニンマリした。

「いい味でしょう？」

「あ、はい、大変に」

劉さんもうれしそうだ。仲間たちは、

「……団長さんを見て見て、トンデモナイモノを、しゃぶっている……」

ささやき合って吹き出している。

さくら色の大きな手長エビ、水牛のヒレ肉など、食べたかったものは、わたしが水かきをもてあましているうちに、みんなの口に消えてしまった。

周恩来副主席は語る

三日目のパーティには保護区職員で新婚の徐向栄（シイシャンロン）、張開顔（ザンカイイエン）さん夫婦が盛大な拍手に迎えられた。ポーヤン湖の元花嫁は愛らしい容姿のままで、岩手の島香正さんらは大喜びだ。彼女は早くも女の子を安産して、乾杯のときに口ごもった。

「妊娠以来、お酒は絶っていたのよ。フフフ」

しかし、彼女は度の強いバイチュウを苦もなく干した。

三国志を愛読して軍師の諸葛孔明（しょかつこうめい）を尊敬し、英雄豪傑の関羽（かんう）、張飛（ちょうひ）とお酒もまた大好きな島香さんは、張開顔さんのそばを離れない。

「三国志にゃ麗人がいたんだな。その末裔だろう。こんな麗人と飲めるとは……夢だな。海を越え、はるばる長江を渡って来た甲斐があったわ！」

と乾杯をくりかえした。一方、島香さんにつかれた麗人は首をすくめた。

「酔って暗い夜道を歩けなくなったら……、どうしよう」

「そのときは背負ってゆくから、なんにも心配しないで」

夫の向栄君はどこまでもやさしい。結婚

徐君の娘さんを抱く母と祖母

以来、二人は一度もケンカしたことがないという。若妻の開顔さんは、夫に支えられながらとつとつと語った。

「保護区のお陰で……ふたりは結ばれ、子どもが生まれました。……白鶴（ソデグロヅル）のお陰だと思っています。子どもを祖母に見てもらうので、今は夫の実家で暮らしています。……ふたりで保護区で働き、白鶴と湖を守って暮らしていきます」

島香正さんはふたりの言葉に舞い上がり、

「日本にも遊びに来てくれ、おれの家は海のそばだが、大歓迎するよ！」

両手で若夫婦の手をにぎっていた。

最後の日は小学校の黄（ホアン）校長先生、女教師の葉（イエ）先生、中学校の汜（ス）校長先生、英語の楊（ヤン）先生夫妻を迎えた。楊先生は四年生のひとり息子を連れて来た。息子さんは両親の間でのびのびと振舞う。赤ちゃんに関心をもって、お母さんに抱かれた学ちゃんをのぞきこむのがかわいい。

ふっくらした葉先生の顔には、心のやさしさがにじみ出ている。宴の半ばに語ってみた。

「戦争中、中国に侵攻した日本軍のことはお詫びのしようもありません。それでも……、わたしたちの旅が、探鳥だけではないことを……わかってください」

「皆さんの思いはわかっています。……とってもうれしいです」

葉先生はうなずくと、

「あの侵略戦争はひとにぎりの帝国主義者が起こしたことで、赤紙一枚で召集された日本の兵隊も多くは悲惨な犠牲者であったと……周恩来(しゅうおんらい)副主席は語り、教師たちもそう教えています。さあ団長さん、乾杯しましょう！」

葉先生は立ち上がり、決然と音頭をとった。

「中日、永遠の友好のために！」

パッとバイチュウのグラスを乾し、つとよろめいた。とっさにわたしが、

「大丈夫？　葉先生」

抱きかかえると、みんなは笑い崩れた。

長江にダムを造る

一九九〇年に入り、日本では、中国からの輸入といつわってメジロやホオジロなどの密売がつづいていた。篭に閉じ込めて野鳥をペットにする。恥ずかしいことで、日本の野鳥保護行政のガンだった。背後には百万羽もの野鳥を輸出する中国の市場がある。野鳥はけっして多くないのに人海戦術で捕獲して世界中に輸出している。

わたしはひとりで中国の野鳥の輸出を調べに入っていた。

なんとかして篭の野鳥を助けたい。わたしは輸入鳥の実態を調べて北京の国家林業局へ、じかに捕獲と輸出の禁止を陳情し始めた。国家林業局は日本の環境庁に当り、中国の環境行政の元締めで、局の中に野生動物保護協会がある。ここは全国に愛鳥週間を指導し、「野生動物を食べない」をスローガンにして大集会を開かせ、署名運動などもさせている。

参考図書 遠藤公男著『野鳥売買 メジロたちの悲劇』講談社

それから香港から広州の巨大な野鳥市場をまわっていると、経済特区には台湾の実業家が合弁会社を造っていた。そこで鼻息の荒い台湾人に会った。かつての農村はハイテクの工業地帯となり、半導体の集積地として台湾を抜き、間もなく世界一になるという。工場のまわりには働く人のアパートが林立して、コンビニやカラオケバーもある。

すさまじい変貌（へんぼう）に目をみはっていると、長江に三峡（さんきょう）ダムを造るという話になった。

二一世紀初頭には、中国は日本やアメリカを抜いて世界一の経済大国になる、大量生産、繁栄のためのエネルギーが必要で、長江をせきとめて発電するという。

まさかと私は笑った。アジア最大の洋々と流れる大河をせき止めるなんてできるものじゃない。しかし、長江中流にある三峡は岩盤が固く、その下流の湖北省宜昌（イーチャン）をせき止めるのは可能という。

巨大ダムの建設には近年批判が起きていた。流域の環境破壊であることが分かってきたのだ。そこで巨大ダムの先進国だったアメリカが、ダムをこわして元に返し始めた。ダムは泥で埋まりやすく、たちまちその機能を失ってしまう。

だが、三峡ダムは本当だった。一九九二年の全国人民代表大会が、三分の二をかろうじて超える票数で建設を可決した。わたしは動転した。三峡ダムが完成すれば、ジャンジャン川は滞留しなくなり、ポーヤン湖の大部分は砂漠か耕地になるのではないか。

……わたしは絶句した。

国際的な批判の中で中国は一九九四年一二月、三峡ダムの建設に着手した。

一八二〇万キロワットの水力発電と洪水の調節を目指す世界最大のダムで、建設のために移転するのは一四〇万人という。故郷を追われる人々の嘆きの中で工事は始まり、二〇〇三年には、湖北省で支流のひとつのせき止めが完成した。

長江の女神――絶滅の危機

ヨウスコウカワイルカは、長江とポーヤン湖を往き来していた。

中国ではこのイルカを長江の女神と呼ぶ。三〇センチほどの細長い口で魚を捕食する可愛いイルカだ。長江沿岸の開発につれてこのイルカは急速に減った。年々盛んになる長江の漁業でイルカは魚網につかまり、船のスクリュウでキズついて死ぬ。

長江の女神は生きていけるか。

一九八三年、中国政府はヨウスコウカワイルカの一切の捕獲を禁じた。網に入った時には、網を切って逃がすように指示した。当時の生息数は三〇〇頭という。


中国科学院は漢口に淡水イルカ研究所を開設したが、ヨウスコウカワイルカは神経質で飼育が難しい。一九九〇年の個体数の推定は長江全体で二〇〇頭。一九九七年の推定は五〇頭に減り、確認されたのは一三頭という。滅びていくのはヨウスコウカワイルカだけではない。

一九八七年、密猟したパンダの皮を香港に運ぼうとした二人組が逮捕され、九五年、雲南省でゾウを密猟した四人が処刑された。青海省とチベット高原にのみ生息するチルー（チベットアンテロープ）の密猟団の取締りでは逮捕者は三〇〇〇人に達し、悪質な三人は処刑された。チルーの毛は西側に持ち出せば極めて高価なのだ。婦人用の高級ショールになる。

一九九〇年四月、黒竜江省ハルビン市の国際飯店の売店で、私はユキヒョウ、ヒョウとトラの毛皮を公然と売っているのを見た。どれも一級保護動物である。そこは国営のホテルで大勢の役人が出入りする。わたしは度肝を抜かれた。

一九九〇年一二月三一日付朝日新聞は「保護遠い中国の野生動物」をのせた。

『今年の九月、絶滅寸前のトキの最後の繁殖地として知られる狭西省洋県で三羽のトキが密猟され、四川省成都では市内一二店の毛皮屋から国家と地方の重点保護野生動物の毛皮四三〇点が押収された。東北トラ、金糸サル、ユキヒョウ、ヒョウなども約一〇〇点。押収された虎骨酒（ここつしゅ）用の骨八九三キロはトラ七〇頭分に相当する。黒竜江省ハルビンの食堂七三店では一昨年、四八〇頭分のクマの手、千三〇頭分のヘラジカ、一万羽のエゾライチョウなどを不正に仕入れていた。パンダの毛皮は、八三年一八三枚を筆頭に、昨年一月から十月までで二六枚、今年もすでに一〇枚が押収された。この間、死刑二人、無期刑一五人である』

「中国の友よ、これはどうしたことか!」

一九九一年四月一五日付人民日報は「わが国野生動物保護の難点」をのせた。

『ここ数年、野生動物の乱獲は深刻である。希少な動物を売り飛ばし、私服を肥やす事件がひんぱんに起きている。猟銃の生産、販売はヤミが横行し、各地の公安部門は、ここ二年間で違法行為一万七三二六件を摘発した。野生動物を捕え、売ることで生計を立てるものもあるし、武装して野生動物を殺す集団も現れている。

わが国の乱猟はきわめてひどく、野生動物の保護活動は貧弱である。原因は、全国で国の法律が不完全で罰則が甘く、犯罪者が法を恐れないことがある。林業部は、野生動物が国家の重要な財産であり、これを保護することは皆の責任であると宣伝すること。関係各部門は乱獲、乱食を取り締まり、野生動物保護の関心を呼び起こさせてほしい』

中国青年報、環境報、緑色時報もレストランで料理されようとしていた国家一級、二級保護動物のミズオオトカゲ、センザンコウ、ハッカン、タカなどを大量に摘発した記事をのせ、こんなことが全国で多発していると報じた。また、各地の露天で酒の肴に売られるカエルのピリカラ炒めで、水田に有益なたくさんのアオガエルが食べられていると批判した。

中国大陸の野生動物保護はなんと多難なことか！

日本の景気は傾いて、私はポーヤン湖ツアーを呼びかけることができなくなった。

ツルの観光地は夢か

このころになると日本のマスコミは、しばしば中国の環境問題を報じた。大気汚染、水質汚濁、水源枯渇（すいげんこかつ）、耕地減少、砂漠化、酸性雨、二酸化炭素の排出などが深刻で人々の生活をむしばんでいるという。

一九九九年の暮れ中国林業局は、ついに全省に野鳥の管理について歴史的な緊急通知を出した。

『鳥類を保護することは生態系のバランスを維持し、生物多様性を保持するために重要である。野鳥を捕獲し、販売し輸出することを禁止する』

江西省を初め多くの省は住民の猟銃を取り上げたという。これでポーヤン湖をはじめ中国大陸の野鳥が救われる。わたしはうれし涙をこぼした。

二〇〇六年、中国、日本など六ヵ国、二五人の専門家によって結成されたイルカ調査隊は、音響探知機を使って、長江上流から上海まで三四〇〇キロにおよぶ調査をした。しかし、ヨウスコウカワイルカは一頭も発見できず、見守っていた人々を落胆させた。

二〇〇七年の夏、私は野鳥法学会の援助で三度目の北京の野生動物保護協会への陳情を終え、ひとりポーヤン湖を訪ねると呉城の街は二階建ての団地に一変していた。一九九八年、長江は記録的洪水をおこし、濁流が押し寄せて街の半分は崩壊し、政府が建て直したという。ポーヤン湖の天変地異（てんぺんちい）には驚くほかはない。

再建した呉城まで、ようやく車道は通ったが電気はまだで、石造りの宿舎は撤去されていた。お客がなかったという。二四人いた職員は四散していた。

「ツルの観光地を目指したのに夢に終わったのか」

何が足りなかったのだろう。湖が広すぎてツルの大群を見に船が必要なこと、どうかすれば十数キロも歩かねばならないこと、宿泊施設の暖房が貧弱だったことがマイナスだったのか。章斯敏所長は停年退職して息子の住む隣県に移り、わけを訊くことはできなかった。排銃を使っていた元狩猟隊長たちは亡くなっていた。

愛鳥模範の何緒広さんは元気で、ソデグロヅルの渡来は少しずつ増えていると語る。しかし、ノガンとペリカンは来なくなり、あれほどいたキバノロも稀になったという。

そこで緒広さんは嘆いた。

「排銃を使う者はもうないが、網や毒薬や猟銃を使う密猟がまだ少々あります。ハクチョウやガンが犠牲になるんですな、困ったことです」

夜間に通る車を止めて、密猟者を摘発した事件が時々新聞にのるという。こうした悪習を根絶することはどこの国でも容易ではない。

私はポーヤン湖の花嫁と夫の徐向栄君に会いたかった。徐君のお陰で湖のさまざまな秘話を知ったのだ。しかし、二人は見つからない。徐君の実家は跡形もなくなっていた。

巨大な経済大国に

長江上流の重慶市は人口三二〇〇万、テレビから冷蔵庫、あらゆる日用雑貨まで大量生産する内陸最大の工業都市となった。二〇〇九年、三峡ダムは完成して、重慶―上海間の貨物船は爆発的に増え、中国はいまや上海から世界に製品を輸出する経済大国である。

二〇一一年三月、日本では大震災の大津波によって福島第一原発の原子炉三基がメルトダウンして有害な放射性物質を放出した。安全だ安心だと政府も多くの学者も宣伝したのに、豊かな先進工業国は一歩間違えば放射能の汚染で人が住めなくなる、危険な国であることが暴露された。

私は福島原発から二〇〇キロ北の海辺に住んでいるが、これからは、どんなにうまそうなものでも放射能を心配しながら食べることになる。

「文明病の食卓は、こういうことになるのか」

まして放射能をさけるすべのない動物たち、カエルからトンボ、野鳥たちの未来はどうなるのか。嘆いていると友人から情報があった。

「インターネットの情報だがな、三峡ダムのためにポーヤン湖が干上がったというぞ」

新しい招待所「白川郁栄さん写真」

「ええっ！」と私は飛び上がった。事実ならソデグロヅルの前途は危うい。

私は津波で親しい友を三人も失い、それどころではないのだが、偉大なポーヤン湖はアジアのためになくてはならないものだ。あの湖のためにできることはないか。

私は居ても立ってもいられなくなり、二〇一二年二月、現地に出かけた。五度目の探訪である。四国ツル・コウノトリ保護ネットワークを担当している「生態系トラスト協会」の中村滝男さん、白川郁栄さん、三宅武さんら三人も、大陸のツルが心配で同行した。

上海から南昌市までは中国東方航空で一時間二〇分で着くようになり、新空港は巨大になって通訳の宋小凡さんが出迎えていた。研究員の郭紅林さんは都合がつかないという。

空港から途中までは高速道路になり、大部分は舗装になったが、呉城までの一四キロはまだ悪路だ。しかし、バスが通り電気も通ってもう辺境ではない。

呉城に着いてみると、ポーヤン湖は干上がってはいなかった。先ずは安心したが、川も湖もかつてないほど水量が減っている。もしかして長江にできた三峡ダムのせいではないか。手漕ぎだった漁師たちの舟はすべてエンジン付きになったが、漁業は水量がなくて禁止。そのせいか若い人は南昌へ出て港はさびれていた。愛鳥模範の何緒広さんは、暖かい地方に住む娘さんの所へ行って留守である。

招待所は望湖亭のそばにコンパクトなものが建てられていた。そばで道路掃除をする年配の男性がびっくりした。

「おやまあ日本人か、珍しいな」

荷物をおいて探鳥に出かけると、クロヅルの大群が道から三〇〇メートルほどの原野に降りていた。クロヅルはソデグロヅルよりひとまわり小さい。首の黒い灰色のツルで、スカンジナビア半島からシベリアで繁殖し、冬季はポーヤン湖へも渡ってくる。数えてみると一四七羽もいる。

「さすがはポーヤン湖だね、こんな珍客がいるなんて」

可憐なクロヅルに感動して、ご機嫌で大通りの食堂に入ると、若い女性たちがマージャンをしていた。呉城に賃金の取れる仕事がないという。パイを握る一人はお母さんで、生まれたばかりの赤ん坊をかたわらの揺り篭に寝せて殺気だっている。川岸には養魚のイケスが並ぶが人影がない。利益が出ないので、漁民の多くは船室でマージャンばかりという。

二〇年前の自給自足の繁栄はどこへいったろう。市場経済の荒波が道路とともに押し寄せたのか。人口三〇〇万の南昌には日本との自動車の合弁会社ができて、仕事はたくさんあるという。

ポーヤン湖の研究は、国際ツル財団の援助で続いている。二〇〇九年一二月のソデグロヅルの渡来数は大学の研究者がカウントして、二三五四羽という。しかし、ツルを目当ての観光客は増えない。

保護と観光への展望

訪問した三日間、シベリア寒気団が張り出して最高気温は五度、小雨まじりで疾風（しっぷう）

があった。

昔は呉城の上空にツルやガンの群れがひっきりなしに姿を見せたのにほとんど飛ばない。あちこちの湖を探してみることにした。

呉城に近い大湖池のほとりには二階建ての管理処が建って、パトロール用の新しいワゴン車が止まっている。若い職員について崖際の展望台に出てみると、眼下に二〇〇羽以上のコウノトリとヘラサギがいた。少し遠いが、大型の白い水鳥が遊ぶ眺めは絶景である。ポーヤン湖全体では三〇〇〇羽以上のコウノトリが越冬するという。

コウノトリなら眼下に小さな池を点々と作ってフナやドジョウを放せばもう少し近くへ誘致できるだろう。その向こうに好物の苦草を移植して、ソデグロヅルを招待してはどうか。

奇跡のツルが人を信じて、せめて一〇〇メートル位まで近づけば、この国の人々は一層ツルを大事にするだろう。観光にも展望が開けるのではないか。

翌日は、舟で対岸に渡り茫々(ぼうぼう)たる原野を進む。通訳の宋さんの名解説を聴きながらだ。

「その昔、関羽（かんう）や張飛（ちょうひ）の軍勢は、このような中原（ちゅうげん）を馬で駆けたんですな」

「その時、ツルや白鳥やキバノロもおそらく無数にいたね。川へ入ればカワイルカの群れがしぶきをあげたのさ」

三国志をしのびながら五キロほど枯れ草をこいで梅西湖へ出ると、天と地の遥かなはざまにソデグロヅルの群れがいた。

「ようやく出会ったな！」

二〇〇羽あまりが水中に立って何か食べている。

悠久の時を刻んできたツルたちは、夫婦がうす茶色の子どもを守って三羽が一緒だ。

「夢のツルだね、すばらしい！」

中村滝男さんらと嘆声をあげる。

「今は世界のソデグロヅルの九八％がポーヤン湖で越冬するというよ」

名通訳の宋小凡さん

「ここしか安全な所がないんだな」

「地球号のツルたちよ、環境の悪化に負けないで！」

白い小さな花が咲くようなツルたちに呼びかける。

しかし、三宅武さんが望遠レンズを伸ばして近づくと、ツルたちは五〇〇メートルで首を上げて遠ざかる。警戒心はなみのものではない。中湖池にまわると、サカツラガンが数百羽いて、ヨシの向こうにソデグロヅルは五〇羽余りいた。しかし、ここも全く近づけない。

「世紀の大発見、奇跡のツルが、依然として……これほど人を怖がるとは」

「どこかで誰かがハクチョウやガンに発砲すれば、ツルも人を信じないんだな」

中村さん、白川さんも落胆する。

原野のあちこちに大型車の通ったタイヤ跡があった。

「耕地開拓の準備を、省政府は進めているのではないか？」

花嫁と再会

大平原の探鳥を終えて港に帰り、望湖亭のほとりに立ち尽くす。世界的な自然保護区となって二四年、ポーヤン湖の前途がきわめて険しいことを思う。なすこともなく小雨に煙る湖水を眺めた。

世界を見回せば、ロシアのバイカル湖は工場排水の汚染がつづく。中央アジアのアラル海はソビエト時代の取水のために無残に干上がった。どこの国の湖も難題を抱えている。

しかし、悠久の湖と生きて来たねばり強いこの国の人々を思う。運命を変えてゆくのは人間である。忘れがたい善意の人々の顔が浮かんでは消える。

昔、婚礼に招かれたポーヤン湖の夫婦が思われてならない。あのふたりはソデグロヅルを守護神として呉城の希望だった。人間としてもすぐれた夫婦ではなかったか。どこでどうしているだろう？　不幸になどなっていないだろうか。

翌朝早い帰国の支度を終えると、たまらなく会いたくなった。

突然外国人が訪ねたら迷惑だろう。しかし、会ってみたい。午後も遅く迷いながら捜しに行く。

人民政府の大きな役所へ行くと警察へまわれという。そこのパソコンに新しい戸籍があるという。新しい警察署へ入り二人の若い署員に夫婦の名を見せたが、昔のことで探しようがないという。すると署長という人が出てきて名前をのぞいた。

「あれっ、確かあの女性だな」

ケータイを開いて数ヶ所にかけると、あっけなく夫の徐向栄君につながった。

再会

「えーと、南昌の街に妻と娘の三人で暮しているよ」

「あなたたちの結婚写真を撮ってあげた日本人を覚えているか、今、呉城に来ているんだ」

「エンドー先生？　おおっ！　エンドー先生のことは忘れたことがない。わたしはあの先生から、西側の人の先進的なスタイルを学んだよ。撮ってもらった写真はアルバムに貼って大事にしているよ。私たち夫婦の大切な記念なんだ」

「覚えていてくれたのか！　なんという感激！」

「えーと、今夜ね、今夜、ポーヤン湖まで車を頼んで夫婦で訪ねて行く。待ってて」

夕食が済んで部屋でそわそわして待つ。二時間もの悪路を心配していると、九時近く真っ赤なダウンコートの女性と夫が飛び込んできた。

「おおーっ、二四年ぶりの再会！」

ひしと抱き合って握手をくり返す。花嫁だった彼女はあの頃と変わらずにきれい。

「向栄君、どこでいま何をしてる？」

「江西省桃紅嶺のね、梅花鹿(メイホァルー)国家級保護区の責任者になっているよ」

「梅花鹿?」

「梅花鹿は日本鹿と同じ種類で、昔はたくさんいたのに乱獲で減ってね。中国では一級保護動物なのさ。桃紅嶺には野生の鹿が残っていてね、村に『野生動物は人間の朋友(親友)』という看板をかけてさ、若い人と守っているよ」

「保護の仕事をつづけているとは……、さすがは向栄君、すばらしい!」

「桃紅嶺は森林が豊かなんだ。ヒョウとかオオカミとかオナガキジもいるのさ。ポーヤン湖でソデグロヅルを守りたかったけどね、……呉城にはお客さんが来なくなり……そりゃそりゃ苦労をしたよ」

妻の開顔さんは、ともに乾杯した三国志が好きな日本人は元気かと訊ねる。島香正さんのことだ。あの人は惜しいことに亡くなったと伝えると顔を曇らせた。

彼女は保育士を教育する学校の教師になったという。二人とも学歴もなしに頑張ったのだろう。娘は美術大の教師になったが、もう恋人がいて来年結婚する、父は亡くなったが母は元気などと聞く。

名残り惜しいが南昌までの帰路は遠い。最後に笑いながら聞いた。

「新婚一年目に、夫婦ゲンカはしたことがないといったが、今は？」

「たまにするけど、終われば……そのたびに仲良くなるのさ」

向栄君は朗らかに笑い、妻も胸を抱いて笑う。誠に味のある夫婦だ。

大きな箱を記念だという。開いて見ると、見事な青磁の龍の置物だった。

一緒に記念写真を撮る。彼女は椅子にかけた私のそばに立って、私の肩にやさしく両手をかけた。このような友がいることは大きな救い、この夫婦はきっと自然を愛する仲間を増やし、ポーヤン湖に希望を灯すだろう。

「中国と日本で、互いに野生のものの朋友（親友）でいよう！」

「元気で長生きしてね！」


招待所の玄関で見送って手を振る。謝々！

悠久のポーヤン湖に幸あれ！

―完―

あとがき

ポーヤン湖は中国最大の淡水湖だが、奇跡のようにソデグロヅルの大群が発見されて脚光を浴びた。

訪ねてみると、夢のような原野の中の湖なのにツルたちは警戒心が強い。実は湖に狩猟隊がいて、小舟で暗夜、何百羽もの白鳥やツルを捕って売ったり食べていた。

わたしは保護に尽力した老人に会い、若者の結婚式に呼ばれ、占領した日本軍がしたことを発掘。日本人の探鳥ツアーは村人と心温まる交流をした。しかし、二〇一二年、ソデグロヅの警戒心は依然として強く、湖の前途は長江との関係で楽観できないようにみえる。

わたしの中国のポーヤン湖のリポートはここまでである。あとはどなたか若い人が追跡してください。奇跡の湖の運命を世界中が注目していることを、中国よどうぞ忘れないで。

この作品はたくさんの人のお世話になった。

ポーヤン湖畔の呉城鎮の人々には国境を超えて親切にしていただいた。徐向栄・張開顔夫妻、何緒広さん、郭紅林さん、章斯敏所長、漁師の藩大龍さん、劉興礼さん、名通訳の宋小凡さん、徐寿竜さんのご援助がなければ、この興味深いポーヤン湖の動物記は生まれなかった。心からの感謝を捧げる。また、南京の友の薛小敏さんには日本軍降伏の写真を送っていただいた。

日本からの旅にご一緒した川西洪文さん寿美子さん夫妻、福井強志さん、大塚之稔さんには貴重な写真を提供していただいた。土屋昌二さん、村上司郎さん、藤巻裕蔵さん、内田康夫さん、菅原義彦さん、中川淳さん、高橋宏明さん、足立陸子さん、田端裕さん、鴨川誠さん、豊田陽一さん、星子廉彰さん、中村滝男さん、白川郁栄さん、三宅武さん、成田徹さんにはお世話になった。真木広造さんにはソデグロヅルの写真を、佐々木繁さんには写真を使えるようにしていただいた。

中山幸子さんには従軍したお父さんの貴重な資料を見せていただいた。井田裕基さんには中国語を教えていただいた。最後に野鳥法学会と垂井日之出印刷所の沢島武徳さんの特段のご支援をいただいた。厚く御礼申しあげる。

遠藤公男――えんどう・きみお

一九三三年岩手県一関市生まれ。小学校教師として主に山間部の分校に勤務。趣味の動物学で岩手においてコウモリの新種三、北海道で野ネズミの新種一、北上山地でイヌワシの巣を発見。日本野鳥の会名誉会員。二〇〇〇年日本鳥類保護連盟総裁賞受賞。

岩手県宮古市在住。著書に『原生林のコウモリ』(学習研究社)、『帰らぬオオワシ』(偕成社)日本児童文学者協会新人賞、『アリランの青い鳥』(講談社)、『ツグミたちの荒野』(講談社)日本児童文芸家協会賞、『韓国の虎はなぜ消えたか』(講談社)、『夏鳥たちの歌は、今』(三省堂)、『盛岡藩御狩り日記』(講談社)、『ヤンコフスキー家の人々』(講談社)『韓国の最後の豹』など多数。

悠久のポーヤン湖

著　者　遠藤　公男
発行日　平成27年1月30日 (2015)
　　　　平成27年7月 1 日 (二刷)
印刷製本　(資)垂井日之出印刷所
発　行　(資)垂井日之出印刷所
岐阜県不破郡垂井町綾戸 1098-1
〒503-2112　Tel 0584-22-2140
　　　　　　Fax 0584-23-3832
http//www.t-hinode.co.jp
郵便振替　00820-0-093249「垂井日之出印刷」

ISBN978-4-907915-03-2

アジアの動物記
韓国の最後の豹

遠藤 公男 著

韓国にはかつて豹がいた。筆者は最後かもしれない２頭を取材した。１頭は山脈の奥地の村で猟師のワナにかかりソウルの動物園に飼われた。捕獲された村を尋ねてみると現代文明がとうに失ったものがあった。

２頭目の豹は、同じ山脈で犬と四人の若者に殺された。殺した人に会い、その豹の写真を見つけた。韓国では虎や豹は志の高い人を助けるという。そして豹を探す旅で虎と豹を守護神とする英傑と出会った。

虎や豹をめぐって韓国で培われた生活や文化の貴重なレポートである。

著者より

韓国の人々の多くは、韓国語もできずに訪ねる日本人に親切だった。この作品で豹を捕獲した黄紅甲さんの夫人は、オンドルの部屋に泊めて劇的な捕獲の話をしてくれた。ウオン・ピョンオー教授の家族は、何日も自宅に泊めて虎や豹の資料を探すわたしを助けてくれた。国境を越えた友情がなければ、この興味深い豹の記録は生まれなかった。

「アジアの動物記 韓国の最後の豹」　　著者：遠藤公男

定価 1143 円＋税　（８％税では 1234 円）

ご注文は、アマゾンまたは(資)垂井日之出印刷所へ直接お申し込みください。

(資)垂井日之出印刷所　　岐阜県不破郡垂井町綾戸 1098-1
TEL 0584-22-2140　FAX 0584-23-3832
メール hinode@t-hinode.co.jp

単行本：240 頁
出版者：(資) 垂井日之出印刷所　　１版 (2013/8/20)
言　語：日本語
ISBN：978-4-907915-001
発売日：2014 年８月 20 日
本のサイズ：小Ｂ６判

原生林のコウモリ　遠藤 公男 著

再版の要望が高かった名著が改訂版で復活。

岩手県の山奥に代用教員として赴任した若者は、原生林から飛んでくるコウモリに疑問をもち、ついに未知の種であることを発見。コウモリが棲む原生林を守る奮闘記へと進む。著者の青春を通して、コウモリと自然の保護を訴えた珠玉の作品。

著者より

40年前の処女作「原生林のコウモリ」の改訂版を出すことにしました。ホロベは残念ながら廃村となり、人々は下界のあちこちに散り散りになりました。しかし、それぞれりっぱにやっています。山菜やキノコ取りにはふるさとのホロベへ出かけています。

国の原生林は見るかげもなく伐られてしまいました。開発はきりがなく、自動車道やダムがどこまでもできています。そこで野生動物は激減しました。

北上高地のわたしのフィールドを本州に残る最後の秘境といいます。なるほどこれほど開発されても、まだイヌワシやコウモリが残っています。あきらめてはいけないのです。

（あとがきから）

原生林のコウモリ　改訂版　**遠藤　公男　著**

定価 1143 円＋税　（8％税では 1234 円）

ご注文は、アマゾンまたは(資)垂井日之出印刷所へ直接お申し込みください。

(資)垂井日之出印刷所　岐阜県不破郡垂井町綾戸 1098-1
TEL 0584-22-2140　FAX 0584-23-3832
メール hinode@t-hinode.co.jp

単行本
出版者：(資) 垂井日之出印刷所
言　語：日本語
ISBN：978-4-9903639-6-3
発売日：2013 年 5 月 1 日
本のサイズ：20.8 × 14.8 × 1cm

かーわいーい　My Dear Children

発達障がいの子どもたちと…特別支援学校の日々

近藤 博仁 著

ウクレレ片手に親父ギャグを連発する教室。怒っていた子どもがいい顔に変わる。障がいのある子と関わる人、それ以外の方にも読んでいただきたい一冊。

定価 1143 円＋税
単行本
出版者：(資)垂井日之出印刷所
ISBN：978-4-9903639-5-6
発売日：2013 年 3 月 25 日
A 5 判　192 頁

私の出会った子どもたち

人として、ともに生きる

松井 和子 著

障害児教育の現場で出会った子どもたちが教育によって成長発達する様子を紹介し、自然・生活環境の変化がもたらすものについて考えた本。ドイツの障がい児教育も紹介している。

人がひととして生まれ育ち、地域の一員としてともに生きること。そして、生まれ来る未来のいのちに思いを馳せ、そのいのちを傷つけるものを問い、教育とは医療とは何かを考えた書です。

定価 1389 円＋税
単行本
出版者：(資)垂井日之出印刷所
ISBN：978-4-907915-01-8
発売日：2014 年 11 月 10 日
変形A 5 判　128 頁

刊行物案内　日之出印刷の本

「小さな小さな藩と寒村の物語」　伊東祐朔・著

九州・飫肥の城主だった伊東家、敗れた豊臣側についたため、徳川幕府の目を逃れ隠れ住んだ地、それが岐阜県・恵那の山中である。苗木一万石に匿われて生き延びた一族・その七代目の時に起きた、尾張藩との土地争い。負傷者が発生し、江戸幕府での評定（裁判）が開かれ、小藩の苗木が勝訴した一大事件だった。克明に描かれた記録を基に、十四代当主・伊東祐朔氏が歴史小説として書き下ろした。

Ａ５判　一七二ページ　並製本　定価一二〇〇円

「豊臣方落人の隠れ里　市政・伊東家日誌による飯地の歴史」　伊東祐朔・著

大坂夏の陣で豊臣が滅亡した後、家臣であった伊東家の祖先が、徳川幕府の目を逃れて隠れ住んだ地、それが岐阜県恵那の山中・飯地でした。苗木一万石の小藩に匿われて生きのびた一族・十四代の記録「市政家歳代記」を読み下した貴重な資料です。

Ａ５判　二四八ページ　並製本　定価二〇〇〇円

「嵐に弄ばれた少年たち　「天正遣欧使節」の実像」　伊東祐朔・著

伊東マンショたち少年遣欧使節の真実がついに描かれた。

一六世紀後半四名の少年使節がローマ教皇のもとへ派遣されて日本を旅立った。一行は嵐を乗越えマドリード、ローマと訪れ、教皇に謁見した。やがて帰国の途に着き八年五ヵ月ぶりに日本の地を踏んだ。しかしそれは禁教令の発せられる中での帰国であった。

領土的野心に満ちた宣教師の思惑や、少年たちを上から目線で歓迎したヨーロッパ人、異文化との接触に戸惑いながらも対応し得た柔軟性のある少年使節たちの姿が、印象深く読み取れるドキュメンタリー的歴史小説である。

Ａ５判　二〇四ページ　定価一二〇〇円

「司馬遼太郎は何故ノモンハンを書かなかったか？」　北川四郎・著

昭和十四年（一九三九）夏、旧満州国とモンゴルとの国境紛争をめぐって、関東軍とソ連軍とが武力衝突した。病死も含んだ戦没者は二万人ともいわれている。北川氏はノモンハンの国境調査確定に加わり、現地踏査して、軍部の主張する国境とは異なる根拠を見い出した。

これはノモンハンの英霊たちへの鎮魂である。

Ｂ６判　二〇八ページ　上製本　定価二二〇〇円

北川四郎（故人）

大正二年岐阜市生まれ。昭和十一年大阪外語蒙古科卒業。後輩に司馬遼太郎。満州国外交部に就職。国境確定会議後、開拓総局に転じ、昭和十九年応召。高知にて復員後、福岡で在外同胞援護会に入り、家族の帰郷を待つ。引揚を迎えて帰郷。岐阜県井奈波地方事務所勤務するも、レッドパージで職を失い、中央交易、中央化工、東紅商社等の役員を歴任する。

「司馬史観　軍部が日本を占領した」　北川四郎・著

歴史の生き証人、元外交官が、激動の昭和の戦争と破壊と、自らの生々しい体験から、日本を誤らせた外交戦略を検証する。

Ｂ６判　二〇六ページ　上製本　定価一九〇五円＋税

「飛騨・おしどり夫婦の傷病鳥奮闘記」　直井清正・著

飛騨高山の地で、二二年間傷ついた野鳥を世話した心温まる夫婦の奮闘記。オシドリの巣立ちの記録は貴重で、記録性の高さと同時に、野生動物に迫る危機に警鐘を鳴らしている。

Ａ５判　二〇四ページ　上製本　定価一二〇〇円

（売り切れ・再版予定なし）

「飛騨・美濃人と鳥　鳥の方言と民話」

日本野鳥の会岐阜県支部・編

一九九〇年代に野鳥の会岐阜県支部の会員を中心に、失われていく野鳥の方言名称や、民話を収集した貴重な記録である。当時支部の二〇周年を記念して刊行されたものを復刻した。

Ｂ５判　七六ページ　並製本　定価一〇〇〇円

「岐阜県鳥類目録　二〇一二」　日本野鳥の会岐阜・編

岐阜県で記録ある鳥類の生息記録を網羅したもの。カラー写真二〇三枚、三〇六種記載。

Ａ４判　一二四ページ　並製本　定価一〇〇〇円

「ヤマネとどうぶつのおいしゃさん」　著者　多賀ユミコ

山に住む小さな動物―ヤマネを保護し、治療した獣医師さんのほんとうにあった話を絵本にしました。

Ａ４変形　三二ページ　上製本　カラー　定価一五七五円

郵便振替　００８２０-０-０９３２４９

郵便振替で申込みいただいた方には送料無料でお送りします。

直ぐに読みたい方は、代引引換　ヤマト運輸代金引換を利用します。

送料の他に代引き手数料一律三二四円（税込）をご負担いただきます